奪われる種子・守られる種子

―食料・農業を支える生物多様性の未来―

西川芳昭・根本和洋

創成社新書
45

はじめに

1979年に発刊された出版物が農業における生物多様性の保全と利用に関わる研究者、実務家、行政官に大きなショックを与えた。その本はパット・ムーニー（Pat R. Mooney）（以下ムーニー氏）による『種子は誰のもの―地球の遺伝資源を考える―』（原題は、Seeds of the Earth, A Private or Public Resources.）である。出版は、カナダの国際協力NGOの連合団体であるカナダ国際協力カウンシルが行っている。日本では、日本の作物遺伝資源・栽培植物起源学の草分けである（財）木原記念横浜生命科学振興財団（当時）田中正武博士の監訳のもと八坂書房から出版された。翻訳には当時農林水産省において種苗関係部門に所属する現役行政官も加わっており、さらに日本語の書名は、訳者らが著者の「種子は人類共有の財産であり、私物ではない」という信念に共鳴してつけられている。当時の日本で食料・農業のための生物多様性に関わる人間のエトスが垣間見られる本でもある。ムーニー氏はそのなかで「種子革命」と名付けられる、植物育種を多国籍企業に委ねる動きおよび特許と同じ保護権および種子市場の支配権を多国籍企業が確立する潮流に対して警鐘を鳴らしている。

メンデルの法則の再発見以来、作物の種内変異である遺伝資源は長らく主として品種改良の材料として認識されてきた。国際コムギ・トウモロコシ改良センターにおいて世界中から集められた作物遺伝資源を活用してコムギの改良品種が作出され、その導入によってアジアにおける緑の革命が推進されたことはよく知られている。しかしながら、このような国際研究機関や企業による育種事業では、その材料である遺伝資源を供給した開発途上地域およびそこに住む農民には、その利益が充分に配分されてはいないというメッセージが、ムーニー氏の著書によって明確に出されている。すなわち、作物の遺伝資源が、それらを育んだ農民と土地から離れるときに、資源の囲い込みが起こり、本来の所有者であるべき農民の権利が奪われる可能性があることを明らかにしたわけである。

その後1992年には生物多様性条約が成立し、種内変異である作物の遺伝資源も生物多様性の重要な構成部分としてその保全・利用・利用から得られた利益の衡平な配分の議論の対象となった。国境を越えてやりとりされる遺伝資源から得られる利益を、国家の主権を前提にして、その提供者である農民に配分しようという考え方である。同時に、1990年代には、国際連合を中心として国際開発協力のなかで参加型開発が主流化し、農業農村開発においても農民の主体的参加の重要性が認識されるようになった。

それまでの長い間、先進国の科学者や開発援助の関係者は、特に開発途上地域においては、科学者が生み出した近代的手法や投入物を、国または企業の農業普及制度を通じて導入することによって農業の生産性の向上が実現すると信じてきた。しかしながら、参加型開発の興隆とともに、農業技術の面からも農民が無知ではなく、自らの置かれている環境を把握した上で、合理的な判断を行っていることについての研究成果が多く発表されるようになった。農家は、自分たちの合理性に基づいて、自分たちが作る作物やその品種を選び取っていることが次々と明らかにされてきたわけである。

多様な関係者が参画して食料・農業のための生物多様性を管理する事業は、カナダ・オランダ・ドイツ等が主導的な役割を果たしてきた。特にアフリカ諸国において多くの政府機関に直接またはNGOを通じて援助を実施してきた。しかしながら、近年は、途上国開発における農業・農村開発の重要性は再認識されているものの、その考え方の主流は生産性の向上、農民のグローバルマーケットへの参入、アグリビジネス等付加価値生産にシフトする方向である。世界銀行の２００８年版世界開発報告では、農業の発展が開発に重要であることをテーマにしているが、その農業はあくまでも産業としての農業であり、生業・生活としての農業についてはほとんど触れられていない。これは、まさに１９６１年の農業基本法で日本における生業としての農業が崩壊させられていった動きが、途上国全体に広げられる可能性を示唆している。農民が主体となった作物遺伝資源管理や在来品種の見直しや利用を行う協力事業は全体的に縮小していると考えられる。

このように、時代の流れのなかで作物の遺伝資源に関する考え方にはさまざまな変化が見られる。農民の主体的参加や生業・生活としての農業という捉え方をもとにして回答を与えるためのきっかけも見えてきている。しかしながら、大勢は農民の主体的参加をグローバルマーケットへの参入と理解し、農業の包括的理解を産業としての農業に限定して理解する方向へ進んでいることも現実である。

本書では、そもそも作物の品種を、遺伝資源という加工して財やサービスを生み出させる源であるという工業的な発想から捉えるだけでなく、それぞれの地域にあった作り手の多様な想いに裏づけされた多面的な価値のなかで保全・利用されている、私たちの生活に不可欠な生物多様性であることを描写したい。先進国・途上国を問わず、長年にわたって自分たちが作り上げてきた品種を自由に栽培できなくなる農家が増えている一方で、自らの意思においてそのような作りたい品種をつくり、維持し、販売する組織やしくみを作っている人々がいることを事例から紹介し、決して種子は奪われ尽くされてはいないことと、守ろうとする静かな戦いが続けられていることを読者の方たちと共有したいと考えている。

おりしも、名古屋では生物多様性条約の第10回締約国会議が開催され、その主要議題は生物多様性の利用とその利益配分である。この利益配分は、遺伝資源に対する主権を国家に与えている条約の性質から、国家間の交渉を前提に議論されている。しかしながら本書を通じて、そのような国家間の争いや農民を代弁すると称するNGOの熱い戦いではなく、土地にしっかりと足をつけた農業生物多様性の管理である、多様な作物品種の種子の保存と利用が行われている事実に読者が気づいてくださり、このような活動が続けられる社会の枠組みづくりに加わっていただけたらと願っている。

西川芳昭

2010年9月

目次

第2部　ヨーロッパにみる品種と種子を守るしくみ

第3部　日本における協働による種子を守る活動としくみ

第4部　奪われる種子と守られる種子　今後に向けて

第1部　タネと作物遺伝資源のちがい

今も地域の農業・在来品種を支える街のタネ屋さん

生物多様性条約においては、生物多様性の主権は国家にあり、生物多様性を構成する種内変異の一部である作物の多様な品種を利用した場合は、もともとその遺伝的多様性の存在した国に利用から生じる利益の一部を還元することが期待されている。

しかしながら、作物の種子というものは、人類が農業を始めて以来、世界中の農民の相互依存によって多様性が守られてきた経緯があり、現在および未来の利用による利益を国境を越えて配分することは非常に困難である。

第1部では、国際社会が条約交渉などで議論しようとしている遺伝資源と、農家や一般の市民が利用している種子が、同じものを扱っていながらまったく異なった認識をされていることについて第2部以降の事例を理解するための枠組みを紹介している。煩わしい議論を後回しにしたい方は第2部から読んでいただいて、最後に第1部に戻っていただいても構わない。

第1章　種子が農家の手から奪われるとは

1.　蒔きたい種子が手に入らない

「種子は種屋さんで買うものである」というのが、この本を手に取ってくださった多くの方の常識的な考えだと思う。ベランダ農業や趣味の園芸が注目されており、そのような消費者向けには土やポットもセットになった種子が販売されている。このような、「種子は種屋さんで買うものである」という考えは、私たちの日々の生活に必要な食料生産を担う農家にとってもいまや常識となっているといえる。多くの人は、あまりにも当たり前のことで、種子を買うことの意味について考えることを思いつかないと言っていいかもしれない。しかし実はこうした常識が、多くの農家や趣味の園芸家が自分たちの作りたい作物の品種を作ることができなくなってきているという問題を見えにくくしているのである。

そもそも、種子はさまざまな人によって守られている。蒔きたい種子が手に入らない、自分たちで種子を収穫することができないという現状がある一方で、多くの人々がある場合には個人で、ある場合には組織を作って、現行の法制度のなかで自分たちの作りたい品種の種子を作り、流通させる工夫をしている。この本で扱おうとしている問題は、この種子を作り、流通させ、利用している人たちがどのようなことを考えているのかを紹介することを通じて、私たちの食料や農業を支える種子が自由に使えない状況が作られつつあることに警鐘を発するとともに、そのような危機に対してさまざまな取り組みを行っている人たちがいることを読者の方たちと共有することである。

私たちが利用している生物多様性の少なさ

アメリカの作物遺伝学者ハーランは、20世紀後半に人類が栽培している植物は55科408種であり、これは農耕が始まる前に人類が利用していたと考えられる約1万種と比べると大幅な減少であると述べている。ただし、このなかには、ワサビやウドのような日本人にとってはなじみが深くとも世界的にはマイナーな作物も含まれており、私たちの食料の供給を支えている重要な作物種はわずか50種前後とされている。

このように、種レベルの多様性で私たちが農業で直接利用しているものは少ないことも事実であるが、私たちの生活にとって、農業における生物多様性のなかで最も重要なものは種内レベルの変異である作物品種の多様性であろう。それにもかかわらず、国連食糧農業機関（FAO）は『世界遺伝資源白書』のなかで「これら（土壌、水、そして遺伝資源）のうち、最も理解されず、かつ最も低く評価されているのが植物遺伝資源である」と述べている。実際に、食料と農業のための生物多様性の重要な要素である植物遺伝資源は、近代育種の導入と農業の集約化に伴い急速に消失している（本書では作物の遺伝資源を中心に扱う）。

ここで、種と品種の違いについて少し補足説明をしておきたい。

種とは、生物学の概念で、例外も多く見られるが、異なる種の生物が交配した場合は一般にその子には繁殖力がない程度に遺伝的に異なることが認識できる概念である。作物で言うならば、たとえば、穀類で、コメ（イネ）・コムギ・オオムギ・トウモロコシはそれぞれ異なる種である。

一方、品種は、作物において形や性質、栽培方法や利用の仕方のちがうものを人間が区別して分類してきたものである（菅、１９９８）。たとえば、イネであれば、コシヒカリ・ササニシキ・ヒトメボレなどと呼ばれるものである。２００５年の記録では、日本で１ha以上作付けされているイネの品種は３４２品種にのぼっている。しかし明治時代の記録によると、約４、０００品種あったとされており、１００年で10分の１まで減ったことになる。

背景にある遺伝資源の価値

育種家が価値を取り出す材料という考え方が、遺伝資源（genetic resources）という単語の背景にあり、加工して財やサービスを生み出すことが期待されている。ただし、この資源は一般的には再生可能な資源であるが、同時に、使用しないことによって消失するという特色を併せもつ。そこで、生物多様性条約において利用を通じた保全という考え方が明示的に認識されるようになった。一般には、育種を通じて資源の存在する地域とは異なる場所での利用が効率的に推進されてきた。

近年は、植物遺伝資源またはより広く生物多様性の価値を総合的に捉える試みがなされるようになってきた。ここでは、ＯＥＣＤの議論をもとに図１にその概要を示す。

植物遺伝資源が消失しており、将来の育種素材が失われる危険があるという論理は、生

図1　作物品種の多様性の価値

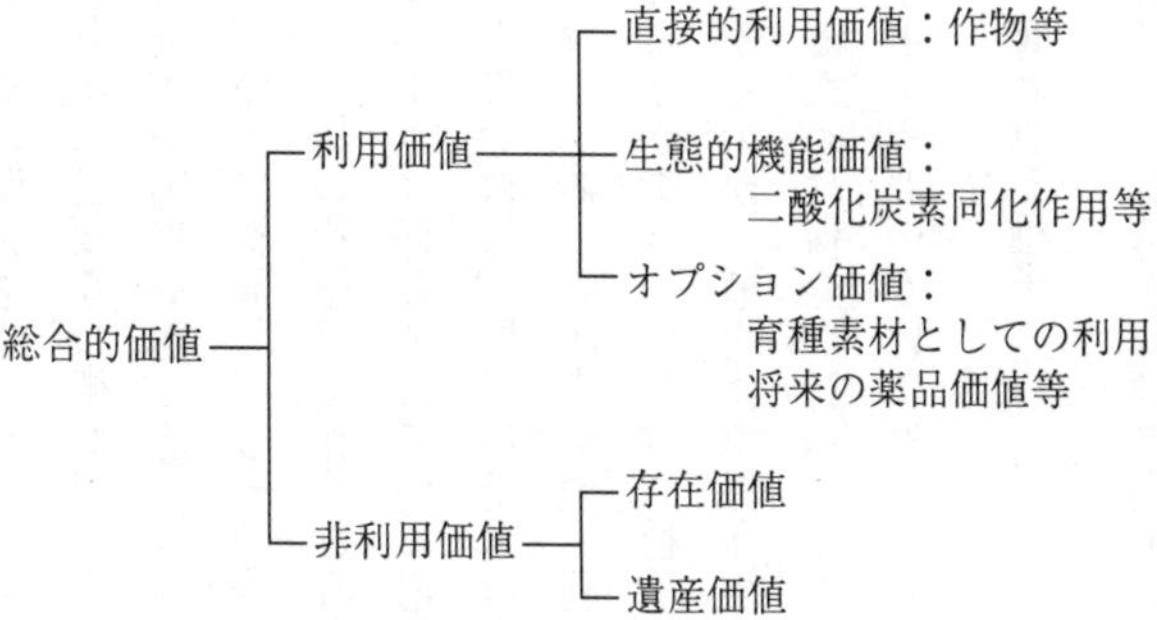

物多様性の価値のなかでは利用価値のオプション価値に根ざしている。この価値のゆえに収集や保全の必要が訴えられてきた。将来の薬品開発の可能性などもこの範疇に入る。しかしながら、実際には世界の多くの地域においては、生物多様性の直接利用価値である作物そのものの価値が利用されていることが多く、特に開発途上地域の農民にとっては、この価値が、関係する人々にどのように認識・評価されているかが、その生活の持続可能性に著しい影響を与えている。

作物品種の多様性が冷蔵庫で保存される不思議

遺伝資源に価値があることが前提として受け入れられた次には、この資源がどこで保全・利用され、だれの所有のもとにあるかという議論が起こってくる。多くの場合、作物の種子は、低温乾燥条件に保つことによってその寿命を伸ばすことができ、ジーンバンクと呼ばれる低温貯蔵庫に保存される。この貯蔵に必要な技術が、データの管理や古くなった種子の更新に関するものなどを含めて先進国や国際機関に蓄積されており、この技術の開発途上国への移転が図られている。一方、種子で繁殖してもその種子の寿命が短いものや、栄養体（イモなど）で繁殖する植物は、植物の状態で保存せざるを得ず、圃場または試験管のなかで保存される。

このように保存されている遺伝資源に誰もがアクセスできるようなシステムが社会的に存在していれば、問題はそれほど大きくないかもしれない。すなわち本書の大きな議論のテーマである、資源を管理・利用してきた農民が、保全の行為に主体的に参画し利益を受けることができていれば、種子が奪われる事態にはならないわけである。そこで、種子で保存するのか、植物体で保存するのかという生物学的な議論ではなく、誰がどのように利用するために保全が行われるのかといった、人間との関わりにおいてどのように保全するのかという問いかけに答えていく必要が出てくるわけである。

2. 奪われる種子

育種による遺伝資源の利用により、利用されなかった素材が消失したり、改良品種の導入によって、多様性が内在している在来品種の栽培が行われなくなったりしている。人類はその食料のすべてを直接あるいは間接的に植物に頼っており、多様な作物品種を継続的に利用し続けるためには、現存する品種の種子の保全が不可欠となっている。

しかし、このように保全がほとんど先進国の研究所で行われていることに伴い、必要な時に開発途上国に還元されず、種子が保存されている先進国の研究機関にアクセスできる一部の民間企業が、独占的にこの遺伝資源の経済的価値を利用しているという議論が国際社会で繰り広げられた。育成された品種に対する特許の問題も国際政治・経済の問題となっている。さらに、冷戦時にはアメリカ合衆国などが敵対国に対しては自国内に保管されている遺伝資源の禁輸も有り得ることを明言し、議論は深刻化した。

このように、遺伝資源の利用に関しては、これまで育種素材としての利用が前面に出されて議論されてきた。遺伝資源が、収量の増加や耐病性品種の開発などを通じた農業の近代化を進める際に必要な資源であるから保存が必要であるという論理が、遺伝資源の探索、収集、保全の事業を支える根拠として長く用いられてきた。緑の革命に代表されるように、育種素材として遺伝資源が利用され、人類の福祉向上に寄与したことは間違いのない事実である。しかしその結果、古い品種が消えていき、遺伝的画一性が広まったといわれている。栽培品種の多様性は世界中に均等に存在するわけではなく、その多くが栽培化の中心である熱帯亜熱帯地域を中心とした開発途上地域に存在し、多様性の中心となっている。したがって、遺伝資源の利用を通して、遺伝的多様性が南から北へ偏って移動し、遺伝的画一性が北から南へ移動してきたといえる。すなわち、グローバルに見た場合、作物品種の多様性は豊かな南の国々から貧しい北の国々への圧倒的に偏った移動が現実となっており、種子がもともと多様性を利用・保全してきた農家から奪われている。先進国においても、急速な品種の単一化によって、地域独特の品種は姿を消しており、種子を奪われたのは必ずしも途上国の農家だけではない。結果として、消費者も選択の自由を制限されている。

農業をむしばむ改良品種至上主義

開発途上国で、昔から作られ続けてきた在来品種の減少は急激に進んでいる。なぜならば、多くの途上国が、改良品種の優良種子を農民に使用させることによって農業の集約化・多収化を図ることが農業の近代化に不可欠であると考えているからである。途上国の政府の多くは、開発途上国において種子産業が発展しない主たる理由は、農民が自家採種を続けており優良種子の利用が増えないからであると説明している。このような政策のなかでは、作物の品種が、農家と地域の環境との間で行われてきた永年のやりとりのなかで創られた文化の一部であり、農家は、無知なために政府の進める改良品種を使用しないのではなく、自分たちの考えで、自分たちの品種を作り続けているのだという考えは理解され得ない。さらに、国連食糧農業機関などの専門家と称する人々が、積極的に農家の自家採種を制限する法律や制度を開発途上国にもち込んでいる現状も見逃せない。

一方で、先進国では、農家の自主性を大切にする観点から、在来品種の自家採種を含む、多様な品種を利用し続けられるシステムの構築および維持が検討されている。日本の法律（種苗法）では、品種登録をしている種子であっても、農家などがもっぱら自分のために採種し、その種苗を自分自身で使用する場合は、特に制限はされていないことになっている。しかし、農林水産省の省令で定めた種類（現在82種類）の栄養繁殖植物などについては、このような自家採種・増殖は知的財産の保護に抵触することになり、自家採種が制限されている。

農家による保全と開発とのダイナミックな関係

作物遺伝資源の多様性の中心は、一般にその作物の栽培化が行われたところと一致するとされ、それは多くの場合現在の開発途上地域に存在する。これらの多様な作物品種は、これまでジーンバンクや植物園などの作物の栽培地外で保全されることが一般的であった。この発想には、農家がどちらかというと決して収量の高くない作物品種を作り続けることは非常に可能性の低いことであり、これらの遺伝資源はいずれなくなるので一刻も早く収集し、ジーンバンク等に保全されなければならないという前提が働いている。

そもそも在来作物品種の集団の遺伝的構成は固定したものであるとは考えられず、常に自然と人間による選抜が行われており、その意味では改良品種の現れる以前から在来作物品種の遺伝資源の消失は起こっていたと考えられる。加えて、窒素肥料の導入など新しい技術的変化とともに、改良品種の導入によって在来品種が栽培されなくなり、遺伝資源が消失していることは疑いない。しかしながら、在来作物品種の遺伝資源というものは農家圃場からそう簡単には消失しないのではないか、という疑問も提示されている。しかも、近年、改良品種にアクセスでき、あるいは自らの圃場の一部でそのような改良品種を栽培しながらも、他から強いられずに在来品種の栽培を続けている農民の例が多く報告されている。それゆえ、そのような地域の生態的な不均一性および栽培体系の回復力の強さが、在来作物遺伝資源の多様性を維持し、在来品種の栽培が決して農業の近代化や集約化に対する異なる選択肢としてではなく、近代的農業と同時に並行して存在し得る可能性がある。

栽培場所における保全の意義

在来作物品種をその栽培されている場所で作り続けることにどのような意味があるだろうか。農家が在来品種の遺伝資源の価値を把握するには食料としての直接的利用価値のほかに次の2つの価値が考えられる。1つは、翌年の栽培のためのタネとしての価値である。農民はこの価値を充分に意識しているから、いわゆる自給自足農業においては例外的な窮乏に見舞われたような場合を除き、自分で保存している種子を消費することはない。この行為によって、在来作物品種の遺伝資源が農民によって保全されてきた。

もう1つは、自分のもっている種子が自身の土地に最も適していると知っている場合に見出される価値である。すなわち、彼の種子は彼にとって他の種子とは違う付加的な価値をもち、その種子を保存する強い動機が存在する。多くの農民が、多収性の品種をその農地の大部分で栽培しつつも、悪条件下で生き残る可能性の高い在来品種を一部に作り続けている。これは、在来品種の方が環境の変化や不十分な農業資材投入に対して信頼性が高いからである。この意味では、在来品種は、一義的には農家の圃場および納屋で保存されるべきものである。

このように、圃場における保全の大きな意味は、このような保全が作物の多様性そのものを多面的に利用する農民にとっての植物の直接利用価値の把握と同時に行われることにある。

作物と人間の関係性を理解する

ところで、2010年は世界生物多様性年であり、10月には名古屋で第10回生物多様性条約締約国会議が開かれる。生物多様性は人間の生活にとって欠くことのできない資源であると言われても、実感がわかない人も多いと思う。しかし、毎日食べている肉や野菜を創り出すもと（遺伝物質）がまさにその生物多様性の重要な構成要素だとしたらどうだろうか。私たちは毎日毎日、3食生物多様性のお世話になっていることになる。これを、遺伝資源と呼ぶから理解が難しくなる。

菅（1987）が、在来野菜の品種についての考察で、元来野菜の特産品というものは、地域の狭い風土の気象・土壌条件のもとで育まれ、そこに適地を見出した遺伝子型をもつもので、適地が極めて限られたものであろうと述べている。さらに、そのような適地において、その特性を最も発揮できるような加工法なり料理法なりが発達し、品種が生活文化複合の一部をなすようになったと議論している。これは、中尾（1966）が提示した「作物の特性は人間の口に入るところまでを議論して初めて完結する」という考え方と共通する。近代化と称して産業化された農業が、品種（タネ）―栽培技術―食物という日々の暮らしのつながりからなる生活文化の関係を絶ち切ってきたといえよう。

しかしながら、農家や地域住民が、その豊かな地域資源の1つである多様な在来品種の利用を促進するような社会的政治的システムは必ずしも存在しているわけではない。さまざまな経済的・制度的理由から、この農家による品種選択の可能性が脅かされている。特に知的所有権の制度が、農民を中心とした一般の人々の作物の種子に対する自由な行動を制限しているとも考えられる。

知的所有権とは

知的所有権とは一般に発明・デザイン・小説など精神的創作努力の結果としての知的成

果物を保護する権利の総称として用いられ、知的成果という目に見えない財産に対する権利を保護するために与えられる。このような権利の保護は、発明者の労苦が評価されるためには当然必要なものであるが、結果として、種子の最終的な利用者である農家や趣味の園芸家などの利用が著しく制限されるのであれば、なんらかの調整が必要になろう。作物に対する知的所有権は新品種の育成者権として1930年代から欧米を中心に発達し、現在は遺伝子配列まで特許の対象となっている。

わが国では植物新品種は「植物新品種の保護に関する国際条約（UPOV）」の91年改正に伴い、バイオ技術によるものも含めて、種苗法と特許法による二重の保護が可能となっている。ちなみにUPOVにもとづいて新品種の登録を行うには概略つぎの条件を満たす必要がある。

① 新規性：当該品種が以前に販売・譲渡されていない。
② 区別性：一般に知られている他のすべての品種と（特性の全部または一部によって）明確に区別できる。
③ 均一性：繁殖によって予想できる変異を除き、適切な重要な形質にかかる特性において十分に一様である。

④　安定性：繰り返し増殖（繁殖）させた後に適切な重要な形質にかかる特性が変わらない。

一般に、農家が作り続けて、自分たちで種子を採ってきた作物の多くは、このような条件を満たすことができない。また、集落で作り続けられてきた漬け菜のような伝統作物は、制作者なり所有者なりを特定することはできない。ゆえに、知的所有権のシステムに入ることが困難となっている。そのため、従来からその圃場において品種の育成・保全を行ってきた農民の役割を明確にしようという考え方が農民の権利の概念の登場を促すことになった。

農民の権利

農民によって作られた品種およびその栽培方法、利用方法はしばしば独創的で他から区別できるものであるにもかかわらず、通常の品種保護の規定に合致しないという理由で知的所有権による保護の対象から外されていた。そのため、１９８０年代まで、途上国の農民は育種素材をほとんど見返りなしに先進国へ提供してきた。先進国の育種家たちは、この遺伝資源を利用して品種を開発し、育種家の権利を主張して利益を保護されてきた。元国際稲研究所長のスワミナタン（Swaminathan, 1995）は、この一方的な遺伝資源の流れを、貧しい人々から豊かな人々への一方的な助成であると指摘している。

このような不均衡を是正するために、農民の権利の概念が国連食糧農業機関（ＦＡＯ）で提案された。１９８９年のＦＡＯ総会決議（５／89）で、「農民の権利とは、農民による過去・現在・未来にわたる植物遺伝資源の保全、改良、利用可能なかたちでの提供の面での、とくに原産地及び変異の中心地における農民の貢献に由来する権利である」とされ、その目的は、永年にわたって地球的規模で遺伝資源の多様性を育み、選別し、保全してきた農民たちの努力を正当に評価することであった。生物多様性条約は、知識までを含めた農民の多様性に対する関与の重要性を認識している。しかしながら、植物遺伝資源が原産地以外で使用された時に、この認められた農民の権利をどのように補償していくかは、国家間の交渉と各国内の制度構築およびそもそもの価値推定という困難な問題を内包しており、今回の締約国会議でも大きな議題の１つとなっている。

しかし、ここで重視したいのは次の点である。農民の権利を議論する際には、在来品種を遺伝資源として利用して得られた利益を本来の作り手、守り手である農民に保証することのほかに、農家がそれらの品種を自由に使用し続ける権利の保障が不可欠という点である。農民は、永年にわたって自らの品種を栽培・採種し、交換や販売を行ってきたにもかかわらず、品種保護法の導入によって自由な販売や採種が制限される状況が起こっている。政府の品種登録制度に登録されていない品種の種子は原則として売買ができないことになっている。このことが後に述べるシードセイバーのような会員制度を作り出す運動へとつながっている。この農民や消費者の品種を使用する権利が制限されることが懸念されているため、本書では、具体的にどのように利用されているかの事例を紹介し、農家や趣味の園芸家が、自分たち自身や身の回りの関係者が種子を採り続けながら、作りたい作物を作り続けることができるしくみづくりの可能性を提示したい。

3. 品種から考える本来の農業と開発のあり方

藤本（1999）は、ヨーロッパにおける農業革命を評価するなかで、農業における省力と収量増のために農業以外の経済活動である工業生産による資材に頼り、それまで生物が築き上げてきた独自性、生物の相互関係における認め合いの発展、自らの存在を他の物質に依存しない自律性と多様性の展開から農業が離れてきた問題を指摘している。元来、植物遺伝資源が豊富でなかった温帯地域が、それゆえに積極的に遺伝資源の収集利用に取り組んだわけである。できるだけ地域外からの投入物を少なくして、地域の環境を生かしながら農業を続けていこうとする低投入持続型農業の取り組みが増えている。これは、生産性を持続させるという技術面のみならず、農業の営みを、人間と生物との関係を相互依存と捉えるあり方に根本的に変える意識改革の面から重要性が指摘されている。

守田（1978）も、近代育種によって農業は進歩したのではなく、国家統制による品種統一のなかで農家と品種の関わりが消えていったことを指摘している。品種づくり・品種選びの自由を農民・集落が取り返すことによって、田畑でたくさんの種や品種の作物を作ることが可能となり循環型農業となると述べている。国家が、農家の希望とは関係なく高収量性を第一に品種を統一してきたことに対して、農家自身が自分たちの作りたい品種を選ぶことが重要である。守田は「育種ということばは、学問や理論のことばであって、それらが農家が作物を育てる役に立つ場合が少なくないが、農家が扱う作物の特徴を作り上げていく作業は品種づくりと呼ぶのがふさわしい」と主張している。この点は次の章でもう少し詳しく触れたい。

藤本や守田の考えが、広く世界中の農家に実践されるためには、生物多様性条約や国際植物遺伝資源条約のなかで、農家や一般の人々が遺伝資源である作物の品種にそれぞれの地域でアクセスし、利用できるシステムを保証する必要があると考えられる。国際機関におけるグローバルな対応、各国内における政策的対応と地域における取り組みは決して敵対するものではない。しかしながら、多様な関係者による取り組みが、特に環境的に脆弱で農業生産性の高くない地域に住み、在来品種にその生活を大きく依存している多くの農民にとっての自律的な域内資源利用にもとづく発展につながるには、これを助長する政治的社会的システムの確立が望まれる。条約の理念や枠組みを活かしつつ、各地域における実践であるローカルなミクロの事例を積み上げるアプローチの連携に期待したい。

鶴見（1989）は、内発的発展における人類共通の目標として、地球上すべての人々や集団が衣食住の基本的要求を満たされ、人間としての可能性を充分に発現できる条件を満たすことを主張している。また、その方法と創り出される社会は多様性に富んだものであるとしている。開発における作物品種の意味付けを再度行い、農民や地域の住民がその価値を自らの方法で取りだせることがまさにそのような社会の実現であると考えられよう。

第2章　作物育種と農家によるタネの改良・継承

はじめに

　近代における育種技術の急激な進歩のみならず、種苗産業の目覚ましい発展によって、長い時間をかけて行われてきた遺伝的改良が、品種育成にかかる育種年限の飛躍的な短縮と短期間で広域にわたる品種の普及を可能にした。種苗会社によって品種改良された多種多様な種子は、種苗店のみならず、至る所で手軽に購入することができるようになった。野菜類を中心に、市販されている種子の多くは、F_1（一代雑種種子）化されている。気に入った同じ品種を栽培しようと思えば、そのたびに種子を購入しなければならない。種子は自ら「採る」のではなく、「買う」時代になったのである。結果的に、私たちは、伝統的に栽培・維持されてきた作物在来品種の多様性を急速に失ってしまった。

本章では、近代育種の発展によって近年、急速な普及を見せた改良品種と、それまで農家がもっていた在来品種について概説する。また、在来品種を生みだした農家による自家採種という行為の意味について考える。

1. 近代育種と改良品種の開発

育種と育種学

育種とは、農作物への新しい有用形質の付与・集積など、遺伝的改良を行う技術体系をいう。武田（1993）は、育種を別の角度から「進化の方向や速度を人間にとって都合が良いように変化する営み、すなわち進化の過程に対する人為的な干渉」と定義している。育種技術は主に遺伝的変異の評価と作出、変異の選択と固定、そして育成された新品種の増殖と普及の3つの過程からなる。すべての工程を一個人のみで行うことは至難の業であり、現在、少数の個人育種家をのぞき、ほとんどの場合、国・都道府県の試験場や種苗会社、大学農学部などの機関によってなされている。その意味で、今日行われている育種は、明確な目的をもった1つの「事業」といえる。

育種技術を体系化する学問が育種学であるが、関係する学問分野は非常に幅広い。遺伝学、栽培学、生理学、土壌学、病理学、作物学、園芸学、昆虫学、生態学、生物統計学などの他、地域農業や農業経営に対する理解も必要となる。言い換えれば、育種学は「遺伝学を主要な基礎学問とするが、人間社会との関わりを持った応用生物学」（武田、１９９３）であり、育種の対象となる作物やその育種目標は、地域や民族、時代に応じて変化する。

作物育種の役割

作物育種は、農家の発展を支える基幹技術であり、その成果がもたらす効用は生産者から流通加工業者、消費者にまで広い範囲に及ぶ（農林水産技術会議事務局、１９９３）。現在、育種目標は、生産現場や消費者のニーズに応えるために非常に多様化・細分化している。その主なものに、多収性育種、環境ストレス抵抗性育種（生産性向上、作型、適応地域の拡大等）、耐病性・耐虫性育種、品質育種（外観特性、成分特性、消費適性、加工適性、流通適性）などがある。

近代育種の始まり

作物の遺伝的改良が本格的に論理性・計画性をもって進められるようになった、すなわち〝近代育種〟が始まったのは、メンデルの遺伝の法則が再発見された１９００年以降になるだろう。近年、分子生物学的手法を使った育種技術の開発により、育種および育種学は飛躍的な進歩を遂げているが、人間が長い時間をかけて身近な有用植物を栽培化してきたスパンを考えると、近代育種の歴史は、まだ１００年を超えたばかりにすぎない。

しかし、この短期間に近代育種の進歩によってさまざまな育種方法が開発された。オーソドックスな系統選抜育種、交配育種から、突然変異育種、倍数性育種、雑種強勢育種、組織培養、細胞融合、遺伝子組み換えなど、対象とする作物の特性や導入したい形質に応じてこれらの育種法が使い分けられている。いかに効率よく育種目標を達成できるか、いかに育種年限を短縮できるかということが、近代育種が追いかけてきた課題であった。

近代育種の始まりは、それまでの意識的・無意識的に行われてきた「経験的育種」から「科学的で効率的な育種」への転換を意味する。

2. 農家による自家採種と在来品種

品種とは何か

松尾（１９７８）は、「品種（variety）とは農学上の分類単位であって、作物ならびに家畜のそれぞれの種類をその特性の差に基づいてさらに小分けにした単位の名称である」と定義した。分類学上、品種は種（species）および亜種（subspecies）の下位に位置する分類単位となる。

近代育種によってリリースされた改良品種の多くは、1991年に改正された植物の新品種の保護に関する国際条約（UPOV）をふまえて改訂された種苗法（1998）に基づいて品種登録されている。品種登録されるためには、①区別性、②均一性、③安定性の条件をそろえなければならない。現代的な意味において、品種といった場合、この品種登録されたものを指すことが多い。

一方、農家が昔から栽培している地域固有の品種は、在来品種と呼ばれる。在来品種の多くは、種苗会社や農業試験場、研究機関から出された改良品種とは対照的に、種苗登録されていない。本書のタイトルである「奪われる種子・守られる種子」とは、この在来品種の種子を意味している。

菅（1998）は、品種は「基本的にはそれを栽培する生産者の関心ごとであって、消費者は普通あまり関心を持たない。消費者が関心を持つのは、品種の特性が彼らの食文化と関わる時」だとし、現在は、その関心が高まってきているという。実際、京野菜や加賀野菜など、地域の在来野菜を伝統品種としてカテゴリー化することによって、市場性を高め、消費者への意識付けに成功した例も多い。

さらに、品種は「人間のある気候風土のもとでの生活、ひいてはその時間的経過である文化とのつながりで発達してきたものではあるが、特に現在実際に作物の品種を利用する一般の消費者の視点に立ってみると、品種の名前が消費者の生活、文化の日常面でも深くかかわっている場合とそうでない場合がある」と、米と小麦、野菜などを例にとって指摘している。すなわち、米の場合、第二次世界大戦が終わった頃の食糧難の時代は、消費者にとっては食料としての米であり、生産する農家にとっては少しでも収量の多い品種が求められていたのに対し、最近では、消費者は、米を品種で選ぶようになってきた。一方、日本では輸入穀物である小麦の場合、輸入先で大規模に単一品種または品質の類似した品種を栽培しているので、個々の品種名よりは産地銘柄が品質を保証している。このため、小麦の品種名は一般消費者まで届くことはまずないと言ってよく、消費者もまた品種を意識して買い物をすることもない。また、野菜は、多くの場合、その品種の多さにかかわらず、野菜を商品として取り扱う市場側の論理が浸透した結果、一般の消費者が品種を意識することはほとんどないとしている。

したがって、地域固有の在来品種を守る場合、菅（1998）の言うように、最終の消費者と品種のかかわりは作物によって異なるが、「作物の品種を単なる植物としてではなく、そのような文化的存在としての視点から見る」ことが重要である。

作物遺伝資源とタネ

農業生物多様性を構成する在来品種は、作物遺伝資源として扱われる。これは育種的利用（可能性）を前提にした言葉で、育種にとって遺伝資源は、育種素材にほかならない。すなわち育種する側の言葉である。一方、農民（生産者）にとっては、「資源」ではなく、タネである。一口にタネと言っても、そこには、栽培方法や調理方法などさまざまな情報が伴っている。すなわち農家にとって（在来品種の）タネとは、生きた文化財であり、知的財産であり、次の世代へ引き継がれるべきものなのである。

農家による採種という行為

ロシアの植物学・遺伝学者ニコライ・ヴァヴィロフは、20世紀のはじめに遺伝的多様性の高い地域（遺伝子中心）が、その作物の起源地だとする説を唱え、栽培植物の起源地を

8カ所に分類した。ある作物が起源地を離れ、世界各地へ伝播していく際に、各伝播地の気候や農業環境に適応していった。在来品種は、伝播した地の農民が自家採種を繰り返すことによって生まれていった。もとをたどれば、人類が農耕を開始して以降、この採種という行為が継続されることによって、身近な有用野生植物から栽培作物への栽培化（ドメスティケーション）が始まった。つまり、栽培化された作物およびその作物がもつ在来品種は、自然的要因と人為的要因を含めた継続的な選択の産物なのである。

たとえば、日本の各地に今なお残る作物の在来品種は、従来、栽培農家によって比較的小規模に栽培され、伝統的農業のもと、自給的に利用されるケースがほとんどであった。また、翌年に播種するためのタネは、農家自らの自家採種によって得られていた。自家採種の際には、農家によって意識的・無意識的な選抜が繰り返し行われ、それとともに遺伝的な改良が進み、結果としてその地域の栽培環境に適応した個性豊かな在来品種を生み出してきた。その意味で、在来品種の成立には、自家採種が不可欠であり、言い換えれば、在来品種は、種子を次の世代へつなぐ「種（たね）継ぎ」という行為によって作られるといえるだろう。

3. 農家はどのようにタネを得てきたのか、得ていくのか?

近代育種以前、農家が栽培する在来品種のタネは、自家採種することが基本中の基本であった。採種は、品種の形質を維持していくための工夫、たとえば採種用の母本を注意深く選抜したり、交雑しないよう採種圃場を隔離したりしていた。特に野菜をはじめとする他殖性の作物は、品種が交雑してしまったり、劣化してしまった場合は近所や親戚から種子をもらい、更新を行うことで品種の維持を図ってきた (Zeven, 2000)。

では、農家は自分のもつ品種以外の新しい品種をどのようにして得ていたのだろうか。日本の場合にもよるだろうが、そのチャンスは非常に少なかったと考えていいだろう。日本の場合、いまだ各地に残る在来品種の由来をたどっていくと、江戸や京都、大阪、お伊勢参りなどの物見遊山の際にみつけた珍しい品種をもち帰ったり、嫁入りの際にタネをもち込んだりするケースが多い。

近代育種後は、効率的な品種開発により、短期間で多くの優れた改良品種が出回るようになり、流通網の整備とともに簡単にタネを入手できるようになった。いまでは、農家は、ホームセンターや一部のコンビニでもタネを手に入れることができるようになった。農家は、市場性の高い改良品種のタネ、特にF_1品種を毎年買うようになっていき、もはや、タネは自ら採種するものではなく、種苗店などから購入するものとなってしまった。品質の高い改良品種のタネを簡単に得るためには、餅は餅屋ならぬ「タネはタネ屋」で手に入れる時代になったのである。

では、これまで自家採種で維持されてきたが、タネ屋で販売されていない在来品種のタネは、どうなってしまったのだろうか。多くの在来品種は、改良品種に取って代わられ、消失していった。しかし、現在残っている在来品種は、農家のみならずさまざまな立場から関わる人々が採種を行い、個々のケースで品種を残すための努力がなされている。日本の事情については第3部において、長野県の事例を中心に紹介したい。

第2部　ヨーロッパにみる品種と種子を守るしくみ

自分の好きなキャベツを選抜するオランダの農家

ヨーロッパでは有機農業を中心とする多様で生産性だけを追求するわけではない農業の実践が広がりつつある。商業的農業に種子を供給している企業にとってはこのようなマーケットは十分な大きさをもっているわけではなく、また、これらの農業を実践している人たちのすべてが自家採種のノウハウをもっているわけでもない。したがって、多投入の慣行農業とは異なる農業のニーズに応える種子供給システムを育てていくことは、多様な農業の展開に不可欠と考えられる。

まず第3章においては、イギリスにおける国・民間の品種保存の取り組みを紹介する。第4章では、小規模種苗会社による地方品種遺伝資源の管理と地域適応品種育成への農民参加の可能性について、オランダの事例を紹介する。第5章では、ドイツのバイオダイナミック農業をとりまく種子事情を紹介する。

事例を通して、農業における生物多様性の管理に関わる多様な関係者の参加・連携のあり方を紹介したい。

第3章　イギリスの公的ジーンバンクと市民組織による種子の保全

はじめに

本章では、イギリスにおける主として国が運営に関わっているジーンバンクと市民組織による野菜在来品種の管理について紹介したい。前者は、旧国立園芸研究所（現在はウォリック大学）野菜ジーンバンク、後者は有機農業者の交流組織であるヘンリー・ダブルディ研究所（Henly Doubledy Research Association：ＨＤＲＡ）の遺産種子ライブラリー（Heritage Seed Library：ＨＳＬ）の活動とミレニアムシードバンクの活動である。

1.　野菜ジーンバンク

歴史と現状

イギリス中部、シェークスピアの故郷ストラットフォードの町の郊外に、イギリス旧国立園芸研究所のジーンバンクがある。このジーンバンクは1980年10月8日に開設された。当時、FAOなどの国際機関は、主要な穀物の遺伝資源を中心に保存しており、そのためのネットワークに多様な政府やその他の機関が参加していたが、野菜の遺伝資源保全は系統的には行われていなかった。野菜の研究所としては台湾にアジア蔬菜研究開発センターがあり、育種などは行われていたが、遺伝資源の保存は行われていなかった。イギリスの農業関係の大学や試験場の関係者は温帯野菜のためのジーンバンクの必要性をイギリス政府に訴えていたが実現していなかった。

そのようななかで途上国の食料問題、特に栄養問題の解決のために野菜のジーンバンクの必要性を認識し、主要な建物と7年間の運営資金を調達したのは、主に途上国を援助していたNGOであるオクスファム（OXFAM）であった。実際に施設が出来上がったあとになって、イギリス政府もその必要性を認め、国際植物遺伝資源委員会（IBPGR）に対して、温帯野菜の世界的なコレクションの責任機関となることを提案し、その責任を負うことにした。

1980年代にすでに多くの野菜がF_1化していたため、ジーンバンクにはまず市場で流通していた放任受粉品種が100gずつ集められた。国内の多くの種苗会社がこの収集に

保存している種子の更新を行うハウス

協力し、当時の国の品種登録リストや商業農家向けおよびアマチュア向けのカタログをもとに収集が行われた。
ヨーロッパの品種、特に地方品種の収集については、1つのジーンバンクでは難しいため、ポルトガルから旧ソ連、スカンジナビアから地中海・イスラエルまでを含めたネットワークがEUの支援を受けて構築されており、このネットワークを通じて収集が行われてきた。作物ごとにプログラムが組まれており、それぞれの国はその作物に関する担当組織を作っている。また各国のジーンバンクに具体的な責任作物が決められており、収集、評価、更新などを行っている。データベースでは重複（putative duplicate）の確認も行っているが、サンプルそのものの破棄は行われていない。イギリスのジーンバンクはタマネギ、ナタネ、ユリやナス科野菜の保全に対する責任をもっており、約13、500の品種が保存されている。

ジーンバンクがもつ資源の所有者の問題

生物多様性条約との関係では、それぞれのジーンバンクがもっているものの所有権が問題とされる。一般に、国際農業研究協議グループの各ジーンバンクがもっているものは世界のために預かっていることになっているが、各国のジーンバンクに関しては決まっていない。野菜ジーンバンクは今大学に属しており、多くの人は遺伝資源も大学が所有していると考えている。集めたときに必要な人が自由にアクセスできることが前提で提供を受けた事実や、25年にわたって政府が資金を提供してきた歴史を考えたときに今後も政府が関与していくことに政治的、倫理的責任が問われるが、環境食料農村省（Department of Environment, Food and Rural Affairs：DEFRA）は所有権について正式な態度を表明していない。

運営資金の調達

現在も運営資金はすべてＤＥＦＲＡが支出しているが、これは実際の仕事のごく一部をカバーしているにすぎない。生物多様性条約の下で遺伝資源の管理の責任は政府がもつことになり、それまで育種や園芸分野で配分されていた政府予算が遺伝資源向けに配分されるようになったが、実際に直接遺伝資源関連活動に当てられる予算は少ない。イギリスにおいてもＥＵにおいても、遺伝資源のための予算というのは独立しておらず、環境、農村開発、農業などに分散しているのが実情である。

在来品種の収集

品種登録におけるＢリスト、いわゆる在来（伝統）品種はかなりジーンバンクに集まっていると考えられるが、もちろんまだすべてが収集されているわけではない。多くの種苗会社は在来品種の提供を行っているが、一部、限定的なマーケットをもっているイギリス系の会社はサンプルを提供していない。Ｂリストにはその品種の公式の維持担当者が明記されており、また市場で種子を購入できるが、なぜか多くの種苗会社が種子の提供に協力的ではないとのことであった。それぞれの種苗会社に地方品種へのこだわりのようなものがあることがその理由として考えられる。

イギリス国内の探索収集においての特徴は、各県に地域の固有資源に関する記録の責任者（vice-county recorder）がいて、地域の植物についての窓口になっている点である。この人の協力を得て探索が実施されるため、その人が地域の植物を良く知っているかどうかに結果が左右されるようである。

在来品種の位置づけと利用可能性

地方品種の重要性は政府も認識しているが、政策の具体的実施にあたっては環境保全でも社会開発でも育種でも完全にはあてはまらないため事業推進が難しい。ＥＵでは商標登録地方生産物のイニシアティブがあり、チャンネル諸島のジャージーロイヤル（Jersey Royal）というサラダ用のジャガイモの例がある。これは古くから栽培されているイギリスで最も早く市場に出る早生品種である。チャンネル諸島のごく限られた地域で栽培されており、現在は同地域の農家が産地表示を行っている。このような品種（ブランド）を新しく作る場合は何年か（20年、30年、40年）作り続けてマーケットが確立すれば名前をつけることも可能である。ブランドになれば多少高くても買ってくれる消費者もいる。

ジーンバンク利用の試みの一例としては、パックサラダの市場向けに、見た目の変わった野菜を提供する企画があったが、ジーンバンクの情報では成熟した植物の形態はわかるが発芽後数日の見た目などの情報はなく、また極端な密植条件での形態もわからない。また同じ品種の野菜でも周年供給を行うためにイギリスとポルトガル、そしてケニアで作ると見た目が違ってくる。ジーンバンクは、おもしろい形態などの特徴ある品種の供給はできるが、それがビジネスとして利用できるかどうかは別問題であろう。

2. 遺産種子ライブラリー

概要と配布のしくみ

遺産種子ライブラリーは、野菜ジーンバンクから数十km離れたコベントリー市郊外にある民間の有機農業研究機関ヘンリー・ダブルディ研究所に設置されている種子保存を目的とした組織である。１９７０年代から伝統品種の収集を始めており、２０１０年現在、約８００のサンプル(種子)があり、そのなかの２００種類が配布用カタログに掲載されている。カタログではそれぞれの作物の詳しい情報も扱っている。

すべての品種を毎年採種することは作業量から見て困難であるため、毎年のカタログに

採種圃場とハウス（政府からの補助を得て整備している）

は１５０―２００品種を掲載している。メンバーは１０、０００人を超えており、年間14ポンドを支払うことによって自分の欲しい種子を6品種まで入手できる。ほとんどのメンバーはアマチュアの園芸家（gardener）であるが、一部はビジネスで栽培している農家もメンバーになっている。

　このような事業が商業的に行われていないのはＥＵ共通の品種登録に関する法律が共通農業政策のもとで施行されているからである。これは、日本の種苗法と同様のもので、作物品種の種子を商業的に流通させようとする場合は、品種の登録を行い、この登録された品種のみが流通できるしくみになっている。この登録のためには、品種の新規性、優良性、安定性を証明しなければならず、多くの伝統品種はこの条件を満たすことが困難であることと、企業が費用をかけて登録をするだけの流通量をもたないことから登録されておらず、したがって一般に売買することはできない。しかしながら、会員組織の中で交換することは現行法のもとで認められており、ライブラリーはこのようなしくみを利用して伝統品種の普及を行っていくことを目指している。

イギリス政府はリスト外品種の流通に対して極端な態度はとっておらず（reactive）、無理に告発したりはしないが、フランスなどでは厳しいため、種子交換のグループは厳密な対応を迫られている。

現在の施設の建設には約１００万ポンドかかっており、そのうち60％程度は宝くじ関係の資金（Heritage Lottery Fund）から助成を受けている。ライブラリーは野菜に特化しており、穀物は扱っていない。穀物の種子を供給するにはかなりの量を生産する必要があり、ライブラリーにはその施設がないからである。

品種の入手先

品種の提供は個人からのものが多いが、メンバーからの提供もある。たとえば、歳を取った農家で、子供たちが農業に興味がない場合に、これまで作り続けていた品種の種子をどこかに寄付したくなり、ライブラリーに提供されることもある。これらのなかには数百年前からの品種もあるが、1940年代のポーランド移民がもち込んだ品種もある。スイスやデンマークの組織から分けてもらったものや、アメリカのジーンバンクから品種を取り寄せた事例もある。モンサントがそのイギリスの育種部門をドイツの会社に売却する際に、主に1960年代の育成系統のソラマメ品種を中心に150品種の提供を行った。これは、偶然スタッフにライブラリーを知る人間がいたことによるが、一般に遺伝資源の消失の原因を作るとされている多国籍の化学企業が市民組織に遺伝資源を提供した例として興味深い。

採種のしくみとそのメンバーの確保

ライブラリーでは、スタッフが自らの農場・グリーンハウスで採種する以外に種子の後見人（Seeds Guardian）と呼ばれるボランティアが採種を行っている。300人以上がこの活動に関わっている。

種子の後見人はライブラリーのメンバーのなかでも特に思い入れをもっている人から募

られている。希望者に種子保存のガイドラインを配布して、簡単な自家受精植物（レタス・トマト・フレンチビーン）から始めてもらう。慣れた人にはカリフラワーのような難しい品種に取り組んでもらう。採種してもらった種子は採種者ごとに別々に管理して、配布されたメンバーから問題が指摘されたときにその問題点を採種者に伝えることができるようにしてある。採種がうまくいかずに形質や発芽などに問題があった場合でもライブラリーとしてメンバーを除外することはなく、次回からうまく採種できるように技術的なアドバイスを行っている。それは、近くに近縁種が栽培されていることなど失敗した理由は大体想像がつくからである。留意点を指摘して再度作ってもらうが、採種者のほうから辞退してくる場合も多い。スカッシュが一番難しく、次いでさやいんげん等が難しい。ほかに数名（うち1名は在フランス）の契約農家でも採種してもらっている。

配布用種子は原則的に採種後3年以内のものとし、それ以降は発芽試験を行って配布している。発芽率の下がったものは学校や地域のグループに寄付し、原則的に廃棄はしない。元の種子（またはライブラリーで更新した種子）は一部を内容を伏せた形のバックアップ（black box duplicate）にしてウォリック大学の野菜ジーンバンクに預けられ、万一の消失に備えている。

種子供給の課題

商業ベースで種子供給を行おうとするときの問題は、「はやりすたり」が激しいことである。たとえば、以前はエンドウ類とニンジン、イエローフレンチビーンがはやっており、その後2─3年前はカラーキャロットがはやり、その後黄色いフレンチビーン（さやいんげん）が人気だったこともある。人々は見た目の変わったものを次から次へと求めるからである。

ライブラリーから種子を提供している販売農家のなかには、消費者と個別に契約を結び、直接消費者の自宅に農産物を届けるボックススキームと呼ばれるシステムを行っている農家がいくつかある。コベントガーデンで販売している農家にも種子供給をしている。スーパーマーケットでは規格が整い、収穫期が予想できる品種が必要であるが、ボックススキームでは取れた野菜を組みあわせて出荷するので放任受粉の品種が利用できる。ほかに始まっている動きとしては、地域支援型農業（Community Supported Agriculture：ＣＳＡ）があり、支援者は株式投資のような形で農業をサポートしているが、このような農場にも種子を供給している（ＣＳＡについては第9章でカナダの事例を紹介している）。

3. ミレニアムシードバンクについて

歴史と活動方針

ミレニアムシードバンクはイギリス南部のウェスト・サセックスにあるナショナルトラストが所有するウエークハーストプレイスという広大な庭園のなかにある。このシードバンクの起源は1898年に種子の保管を始めたことにある。1981年に保存と研究の2つのセクションに分かれた。現在行われているミレニアムシードバンクプロジェクトは1995年から発足し、それ以来世界中にネットワークを広げ、遺伝資源の収集と保全を行っている。

活動の基本的な理念として、気候変動や人間の生活環境の変化による影響がますます大きくなるなかで、絶滅危機種や将来的に最も利用されるであろう植物の種を保全することが必要不可欠であると述べている。気候変動・人口増加による農地減少に伴い、将来的にはより多くの品種を食料として利用していく必要性が生じてくる。しかしながら、実際には3万種以上もの品種が可食性をもつとされているにもかかわらず、近年人間が食用としている品種は非常に少ない。そこで、今から多様な種子を保存していくことが必要になる。

同時に、現在懸念されている植生の変化に伴うエコシステム自体の崩壊を防ぐことで、貧困や飢餓、病気を阻止することが可能であり、そのためにも希少な植物や絶滅危機にある植物を守る取り組みが必要である。そのような役割を担う組織として、ミレニアムシードバンクは自らを位置付けている。今後の目標としては、２０２０年までに世界にある植物品種の25％の種子を保護することである。

現在の状況について

２００９年までのパートナーは50カ国にのぼり、合わせて世界の植物種の10％をすでに保管することに成功している。主に経験を積んだバンクの科学者が探査隊として各地で種を同定し、サンプルを収集する。そのサンプルやフィールドでのデータを世界中にあるシードバンクにもち帰り、研究や長期保存のために活用する。ウエークハーストプレイスにあるシードバンクだけでなく、パートナーが所有する各地のバンクでも種のサンプルを保存することが可能である。

このシードバンクの責任者であるジャクソン氏は、筆者（西川）の大学の同級生であり、20年ぶりの再会をした際に、日本がこのような活動に必ずしも積極的ではないことに不安を覚えていることを話してくれた。

パートナーとの連携だけでなく、ミレニアムシードバンクがもっている知識と経験を伝えることで、パートナー国における種の保全に必要な技術的基盤やその向上に対するサポートも活動の重要な柱である。たとえば、種の保全に必要な装置や施設の提供、種を効率的に保管するために必要な科学的プロセスの教育、新しい種子保全の技術的トレーニング、各地のシードバンクをサポートするための情報共有などが含まれる。

このようなグローバルな活動を行っているにもかかわらず、政府からのファンドの割合は非常に少ないのが現状である。ほとんどの資金は個人のドナーや企業・団体によるものである。

以下がミレニアムシードバンクプロジェクトを２０２０年までサポートする主な団体である。

- Maite Arango Garcia-Urtiaga
- Arcadia Fund
- The Buffini Chao Foundation

- The Kirby Laing Foundation
- The John Ellerman Foundation
- Vodafone Foundation

4.　イギリスにみる特徴

イギリスでは、有機農業関連のＮＧＯが在来品種の利用を通じて遺伝資源保存を行っていることが明らかになった。しかしながら、遺伝資源の保存を系統的に行っているわけではない。公的なジーンバンクとＮＧＯおよび企業などとの間での公式の協力関係は特に見られない。公的なジーンバンクはあくまでも研究素材の提供を行うことを目的としており、ＮＧＯは主にアマチュアの園芸家に在来品種の種子を供給している。また、育種や種子供給を専門とする企業はスコットランドなどの条件不利地を除いてほとんど存在していないとされている。しかしながら、20—30㎞の範囲を対象とした種子供給を行う企業もいくつかあり、これはわが国の地方中小種苗会社のあり方とも共通している可能性がある。

環境食料農村省の調整の下で遺伝資源の管理および種子の供給に関する多様な関係者（ステークホールダー）が認識されており、また、組織間での協力ではなくてもスタッフ同士の連携が行われていることも明らかになった。特筆すべきは、モンサントによる遺産種子ライブラリーへの過去の育種素材の提供と、ライブラリーのもつ遺伝資源を公的な野菜ジーンバンクがバックアップとして預かっていることの2点である。さらに、ライブラリーにおいては一般の園芸家が採種事業に参画している。政府がこのような関係をどこまで意図して政策的に取り上げようとしているか明らかではないが、登録されていない品種の流通に関してそれほど厳密な処罰をしていないとされるイギリス政府の方針がこのような関係を実態として支持しているとも考えられる。

その一方で、ミレニアムシードバンクなどの取り組みにも共通している点は、政府からの資金的援助がほとんどないという点である。民間のファンドや企業、慈善団体、地元からの寄付がその資金提供源となっていた。このように、政府の支援がなくともこれらの活動が成立することから、間接的にではあるが、国民の理解・支持を読み取ることができる。

5. その他種子をめぐる議論について

現地での関係者への聞き取りから明らかになったことは、ジーンバンクの責任者も、NGOにおける在来品種種子供給の責任者も、イギリスにおける在来品種または地方品種の利用と保存の実態について系統的な情報をもっていないことである。種子の問題を議論する場として、イギリスにはＦＯＳＳＥ（The Forum on Seeds for Sustainable Environment：持続環境のための種子に関するフォーラム）という組織が存在するが、これは環境食料農村省が中心となって、種苗会社、農民組合、有機農業や環境保護団体など多様な利害関係者から構成されている。そのなかで在来品種は2つのカテゴリーで議論されており、その1つは野菜類（amateur variety）、もう1つは飼料作物（forage mix, conservation mix）と呼ばれるもののリスト作成である。いわゆる家庭菜園向けの野菜は種子がたくさん売れるものではないため商業的な育種家には魅力はない。牧草に関してはリストを作るには品種登録基準をクリアする必要があるという難点を抱えている。商業的農業向け品種とそうではない品種という2つの異なる市場を作り出す方向にあるといえるが、何をもって商業的というかが問題である。1つは流通する種子の量で分類することが考えられる。

遺伝資源と種子供給からみたイギリス農業の問題点

商業的農業ではその年に何を作るかは短期的に大きく変わるため将来を見越した種子の

生産は難しい。イギリスの商業的農家は、たとえば何年もタマネギを作り続けていてももし次の年のタマネギの価格が悪いと判断すればニンジンに替えたりしている。小規模な伝統品種の栽培はコミュニティで農業を行っているような地域では残っている。また種子生産も、小規模なものはイギリスにもあり、複合会社（multiple company）と呼ばれ、種子生産と販売を手がけている。このような会社は、小規模な育種を行うこともある。いわゆる商業的農家が使用する種子を供給しているような種子会社ではなく、20―30マイルぐらいの範囲での販売をてがけている。

ジーンバンクが誰のために研究をしているかという問題がある。「産業（industry）に裨益する。」とされているが、実際には無数の利害関係者が存在する。栽培者を対象にしているといっても、産業的な農業から家庭菜園まで違った形の栽培者がいる。有機栽培を行うものからスーパーと契約している企業的農家まである。このような状況で、ネットワークをもつことは重要であるが、経験豊かな育種研究者でも最近の動きを追うことが困難になっているようだ。

ローカルマーケットやファーマーズマーケットは在来品種を利用できる市場として可能性があるが、どれぐらいの農家がこれに参加できるかは疑問である。保存されている品種をどのような形でさまざまな地域主体の取り組みおよびそれらに対する政府の支援のしくみの材料として提供できるかどうかが今後の課題と考えられる。イーストアングリアやコーンウォールのような開発が遅れている地域では地方企業計画（Local Enterprise Scheme）と呼ばれる政府予算があり、伝統品種利用の活動に利用できる可能性はある。

スコットランドの高地や島嶼部ではまだ伝統品種が残っている。そのような地域ではコミュニティとしての農業がまだ残っている。ベッドフォードシャー（Bedfordshire）にはタマネギ、リーク、キャベツ、メキャベツなどの在来品種利用の生産者の連帯があるが、多くの品種は高収量のものに替わってきている。コーンウォールではカリフラワーやブロッコリーの生産者グループがあり、こちらはまだ比較的伝統品種が残っている可能性もあると考えられる。

第4章　オランダにおける小規模種苗会社の役割と品種育成における農民の役割

はじめに

本章では、農業先進国オランダのいくつかの取り組みを整理し、各組織・個人の役割および関係性について紹介したい。具体的には、①自家採種種子のみを多品目販売する小規模種苗会社デ・ボルスター（de Bolster）、②有機農業に関する幅広いコンサルティングおよび研究を行い、現在、農民に対して種子生産および育種に関する研修コースを開催している民間団体ルイス・ボルク研究所（Louis Boulk Institute）、そして③契約者に有機農産物を宅配する農場デ・ホルスターホフ（de Horsterhof）を経営し、研修コースを受講後、そこでキャベツの地域適応品種の選抜を開始したオーストワード（Oostwaard）氏、の立場が異なる3者である。

1. 小規模種苗会社デ・ボルスター（de Bolster）

本節の内容は主として2005年2月26日に実施したデ・ボルスターのドヴェス・ワグナー（Douwes-Wagenaar）夫妻へのインタビュー聞き取りにもとづいており、その後の状況はウェブサイトでの補足をした。

事業概要

バイオダイナミック農業（ドイツの人智学者R・シュタイナーによって提唱された農法。（詳しくは第5章参照））のための種子会社デ・ボルスターは1978年、グローニンゲン（Groningen）州に設立された。商業的な種子生産を目的とせず、個人を対象にした家族経営の小さな会社である。2005年に訪問した時点では夫婦2人の他、パートタイマーを入れて平均5人のスタッフによって作業が行われていた。夏は栽培と採種、冬は種子のクリーニングとパッキングで1年中休みなく作業が行われている。多品目の種子を生産しており、育種は行われていなかった。

農場は全部で12 haあり、毎年3 haを採種に利用している。ローテーションを含めて利用している面積はおおよそ5haで、残りの7haは周辺で行われている慣行農業で使用される飛散農薬から守るための緩衝地帯にしている。たまたま風上の農家が好意的で、デ・ボルスターの農場に面する部分を休閑地にしてくれるような協力関係が築かれている。施設としては、小さめのガラス室2棟（1棟は可動式）と種子選別場等がある。

このようなタイプの会社は次章で紹介するようにドイツにはいくつかあるが、オランダではデ・ボルスターが唯一となっている。

事業を始めた背景

夫婦2人ともワーゲニンゲン大学で農業を学んだ。夫人は育種学を専攻し、卒業後、灌漑技術者として南米のスリナムで仕事をしたが、そこでのオランダ人の生活を見て夫婦2人で一緒にできる仕事を探した。また、緑の革命の影響で農薬を濫用する農業に対する疑問やドイツで採種をしている農場で働いた経験がこの事業を始めた背景にある。有機栽培用種子の販売を手がけた理由は、当時そのような種子がオランダで手に入らなかったからである。また、新たに農業を始めるのに、生産物を売るよりも種子の販売のほうが儲かると考えたことも1つの理由であった。

野菜づくりのノウハウはワーゲニンゲン大学にいたときに家庭菜園で作った経験と自分の農家出身者としての経験、本からの知識で得ている。彼らが学生だった1982年以前は、ワーゲニンゲン大学には有機農業のコースはなく、最初代替的農業（alternative agriculture）という科目で始まったばかりであったそうである。

事業を始めるときの品種の入手方法

会社では、原則として登録されていない（登録制度以前の）品種（free variety）を扱っている。30年前には多くの品種がまだ存在し、ジーンバンクからも取り寄せたし、種苗会社もわけてくれた。ハーブ類はスイスの会社から入手し、野菜類は日本の種苗管理センターにあたる公的な機関からも分けてもらった。栽培の方法も種苗管理センターのスタッフが出向いて助けてくれ、また選抜の視点も助言してくれた。当時60歳前後のスタッフは昔からの品種の作り方を知っていた。さらに、種子をすぐに乾燥させることの重要性も教えてくれた。当時は作物に対して全般的な知識をもつ技術者が存在したが、今は専門化されたのでそのような人材はいなくなってしまった。現在育種されている品種は、多くの場合、化学肥料と農薬の使用を前提としており、そのような品種は有機農業には適さないことが多いため、古い品種を集めている。きちんとローテーションをすれば病気の問題は少ないので有機農業において耐病性などはさほど重要でないと考えている。

集めた品種を実際に栽培し、野菜などは味をみながら選抜した。主な選抜基準は、〝おいしいもの〟、〝つくりやすいもの〟、であった。一番いい個体を選んでそこから種子を採った。

扱っている作目

野菜、緑肥作物、ハーブ、花の種子を販売している。生産している種子はすべて有機栽培で採種され、自家採種のできない一代雑種（ハイブリッド）の品種はなく、すべて放任受粉種子である。2003年の品目リストを見ると、70種110品種の野菜、7種7品種の緑肥作物、31種32品種のハーブ、187種200品種の花が販売されている。最初の10年はいろいろな品種を試したが、その後の20年は新しい品種は加えていない。

販売している作目・品種は、特に顧客の意見を反映したものではない。最初は野菜から始めたが、次いで野菜栽培に役立つ花の類を扱い始めた。野菜は味のいい古い品種が中心だが、品種を決める大きな要因は、ここで栽培でき、種子生産が可能なことが大きい。味がよく気に入った品種であっても、自分たちの農場で作れないものは、選んでいない。たとえばニンジン、ナスは種子が採りにくいため、ほとんど扱われていない。

採種の実際

原則的に種子は自分の農場で採っている。すべての品種について毎年採種する必要はない。キャベツなら10年は使える。マメ類は種子増殖率が低く、種子が大きいため販売量も多くなるが、土地にとってもいい効果があるため、栽培面積を多く取っている。採種栽培は自然との調和を原則とするバイオダイナミック農業（詳細は第5章参照）が中心だが、実際は難しく、堆肥はよその農場から入手している。すべて自分の農場で賄おうとすると牛を飼う必要があるからである。

気候や土壌の関係でどうしても取れないものはよそで採る。たとえば、スイートコーンはイタリア在住のドイツ人に依頼して採ってもらっている。きっちりと管理できる人を見つけるのは非常に難しい。また、ケニアのような熱帯で採種されたマメ類は、オランダでは特に最初はうまく育たなかった。逆に、条件の悪い痩せた寒い土地で採種された種子は強い。そんなに病気が出るわけではないが、常に管理の必要がある。

採種に手間がかかるのはキャベツなどの他殖性の作物である。農場では3品種を作っているが、ケージを使った隔離栽培ではなく、距離をあけて栽培されていた。そのうちの1品種は知り合いの農家の土地を借りて行っている。有機栽培で種子を取るのは手作業が多い。

具体的な採種の方法としては、たとえばキャベツでは200個体育てて、25個体の優良な個体を選抜し、種子をここから採種する。他家受精の作物の場合は多くの系統を維持するのが困難なため中生のものを選んでいる。自家受精の作物の場合は早生から晩生まで用意している。

また、採種後の種子の調整は行うが、特に大きさをそろえたり、コーティングをしたりはしない。発芽試験は毎年行っている。種子は簡素な紙の小袋に入れて販売している。郵送による販売が中心なので注文があるまでは種子庫に保存しているため、このような方法が可能である。パンフレットにしてもそうだが、必要以上にお金をかけていない。

販売の方法

販売は、オランダ国内が中心で、次いでベルギー国内、在外オランダ人が主な得意先で

種子倉庫の内部。注文を受けて小袋に詰める。

ある。客はおもに作物の見た目と種子の値段で買うものを決める。一度買ってみてよければ毎年同じものを買ってくれる。

全体の60％は個人客への通信販売である。種子のカタログは毎年5、000〜6、000人に送付している。通信販売の40％ぐらいはインターネットを通じた申し込みになっており、この顧客にはカタログは送付していない。20％は有機農産物関係の店で販売し、残りの20％は商業生産農家向けであるが、消費者と契約を結び毎週生産物を宅配するようなタイプの農家が中心である。本格的な商業生産農家に売る規模の種子は生産していないし、またそのような農家はボルスターの種子を使用しようとはしない。２００４年からスタートしたＥＵ規則第２０９１条第92項（EU-Regulation #2091/92：有機農産物の認証を受けるためには、種子も有機種子でなければならないという規則）に関連して、大きな農家や種苗会社から種子の問い合わせがあったが、そのような販売は行わないとのことであった。

今後の経営について

将来の規模拡大の可能性については、20、30代の若さならそれも考えたかもしれないが、60歳になった今それは考えない。約３５０品目を扱っているがこれぐらいが限界である。規模を拡大すればその分リスクも増えるし、多くの労働力、機械化も必要になってくる。しかし、それは本来の趣旨とは離れてしまう。子供たちはこの仕事を継ぐ予定がないため将来デ・ボルスターの名前がよそに行くかもしれない。しかし、このような事業は、誰でもすぐに始められることではないと考える。つまり種子や育種、栽培あらゆることに関する知識と経験が必要であるし、一般の種苗会社はこのような小さなマーケットに興味を示さない（２０１０年現在、経営は別の人の手に渡っている）。

2. 民間農業コンサルタント　ルイス・ボルク研究所（Louis Boulk Institute：ＬＢＩ）

本節の内容は主として２００５年2月23日に実施したＬＢＩのエディス・ラマーツ・ファン・ブーレン博士（Dr. Edith Lammerts van Bueren）へのインタビュー聞き取りにもとづいており、その後の状況はウェブサイトでの補足をしている。

事業概要

研究所は、有機農業に関する幅広いコンサルティングおよび研究を行っている。１９７６年、ヘルダーラント州に設立され、以来、オランダの有機農業に関するさまざまなプロジェクトに関わり、その中心的役割を果たしている。国内の種苗関連事業では、有機農家への種子提供と育種を行うＮＧＯ団体によって組織されているザードゴード（Zaadgoed）財団に対して技術協力を行っているほか、ＥＵ各国において有機農業に対する育種を行っている研究機関および種苗会社が集まったコンソーシアムＥＣＯ－ＰＢ（The European Consortium for Organic Plant Breeding）の創立団体の1つで、現在事務局が置かれている。

EU規定改定への対応

2004年のEU規定改定に伴い、有機農業で使用される種子は有機的に採種される必要が生じた（以下、有機種子）ことが事業展開の1つのきっかけとなっている。有機農業と種子産業の関係では、2つのポイントがある。1つは、有機種子の生産であり、もう1つは有機農業向けの品種改良・育種である。育種に関しては、一般の企業にとっては市場規模が小さいため参入が困難である一方、参加型育種による品種開発の可能性がある。有機種子生産に関しては、すでに多くの企業が参入している。これには、通常の種子生産をより持続可能な形にするという（技術開発の）視点から、有機農業向け種子生産のコストが販売高を上回り利益を生み出さなくても、企業が投資する意味がある。

オランダの農業はこれまで通常の（conventional）種子企業に完全に依存してきた。農家は自分たち自身で採種する能力を失ってしまっている。一方で、通常の種苗会社が有機農業に興味をもたないことに農家が気づいている。通常の種苗会社はハイブリッド種子のみを扱うが、多くの有機農家や趣味の園芸家は放任受粉品種を使用したいと考えている。

放任受粉品種開発プロジェクト

この組織は研究機関であり、選抜の方法を開発することが目的で、直接育種をするわけではない。育種に農家の知識と視点をもち込むことを目的としている。これまで、タマネギとキャベツを対象に固定種の開発プロジェクトに取り組んできた。タマネギを例にとると、まず37系統をジーンバンクから入手し、農家と一緒に有機栽培の環境下で育てて、農家の参加のもとに特性調査を行った。その際、経験の豊かなタマネギ栽培農家に選抜してもらい、その特別な選抜の方法を記録した。一般の育種家の選抜基準と有機栽培農家の選抜基準を比較して、その選抜方法がどのように異なるかを観察した。これにもとづいて、有機農業用の品種選択の評価基準を開発した。この基準を利用して、それぞれの系統から最も良い個体を選び、混合する方法で、6つの基本集団を育成している。

研修コースの開催

ザードゴード財団の資金を利用して、育種に関する研修コースを開催している。長年にわたり栽培をしている年配の人から、これから種子生産や育種をやりたい若い人たちまでを対象としている。内容は理論と実習からなる。週末の午後6回のコースで、2回は遺伝に関する理論的講義で、残りの4回はヴィタリス（Vitalis）での1年生作物（種を蒔いてから実るまでの周期が1年で完結する作物）の選抜方法実習、ニンジンなどの2年生作物（種を蒔いてから実るまでに2年かかる作物）の選抜実習、圃場保全をしているジーンバンクおよび種苗管理センター見学である。コースの目的としては、現場で育種を行っている人に理論を伝えることと、そのような農家たちのネットワーク作りがある。

在来品種の利用と育種

オランダでは、すでにほとんどの在来品種が改良品種に置きかえられてしまっている。在来品種（local variety/landrace）の伝統的栽培は行われておらず、伝統品種（traditional variety/old variety）と呼ばれるようになってしまっている。また、すでに作られなくなってしまった品種は「忘れ去られた品種（forgotten variety）」とも呼ばれている。これらの品種はボルスターによってかろうじて維持されているケースがほとんどである。野菜類の伝統品種は、年輩者を中心とした趣味の園芸家に依然根強い人気がある。忘れ去られた品種には、たとえば、黄色や紫色のニンジンがある。あきらかに見た目で違う品種は今後利用される可能性がある。対照的に穀類の伝統品種は、皆無と言っていい状態になってしまっている。

オランダでは近代的農業が一般的であるが、今後有機農業が発展すると考えられている。企業もこれに対処しようとしている。オランダ政府が有機農業用の種子のリストを公開しており、そのHP（www.biodatabae.nl）で関係する企業を調べることができる。3つの企業が主に種子生産に参入しており、そのうち1社（ヴィタリス）は育種（カボチャとレタス）も行っている。有機農業研究の一環として研究所が新しく取り組んでいることが、質の良い有機種子から有機野菜を育てる研究である。この研究をもとに、新しい品種改良のための選抜基準や改良戦略を開発しようとしている。また、この研究は農家、種苗店、そして育種家の連携の下で行われている。具体的には、FSO（Farm Seed Opportunities）という活動が挙げられる。このプロジェクトは2006年から2009年の3年間にわたって、主にヨーロッパで行われた。このプロジェクトは、昔ながらの、しかしすでに忘れ去られた品種を効率よく使用することによって、農業における生物多様性を向上させることが目的である。ここでは、地域の伝統的な品種を新しい現代品種と一緒に植え、これらの作物の持続性と適応性を評価した。最終的な目標としては、今ジーンバンクに保管されている伝統種を実際にもう一度栽培し、市場で普及させることである。

穀物に関して伝統品種の栽培を普及させるには、慣行農法と比較して栽培方法を決め、農家に基本を教えるところから始めていかなければいけない。ドイツ・スイスから穀物の種子を導入して、オランダの環境で調べる。たとえば、パンにしたときの品質などの通常の育種では対応してこなかった形質に注目していく。次の段階は育種素材開発の研究を行いたい。たとえば、フザリウム耐性における新しいメカニズムの利用などが考えられている。

今後の展開

多くの消費者は少しでも安い農産物を希望しており、品質には必ずしもこだわっていない現実がある。また、有機農業関係者は育種に対して悪いイメージをもっており、有機農業に必要な育種という概念が受け容れられにくい。農業も人も開発、発展が必要であることをアピールする必要がある。1つの方法として、作物の美しさをアピールしている。育種は単なる科学ではなく、芸術でもあることを啓蒙していく必要がある。これに誰が関わっていくかを一般の人が理解できるようにすることが重要である。数は少ないが、育種のためにお金を出そうとする消費者もいる。その層を広げるために、たとえば穀物の花やニンジンの花など日頃一般の人が知らない美しい写真などを用いて啓発を行っている。

3. 有機農園デ・ホルスターホフ（de Horsterhof）

本節の内容は主として2005年2月25日に実施したデ・ホルスターホフのアナ・ファン・オーストワード（Anna van Oostwaard）氏へのインタビュー聞き取りにもとづく。

デ・ホルスターホフとオーストワード氏の取り組み

1982年、オーガニックとバイオダイナミックを組み合わせた農園デ・ホルスターホフをヘルダーラント州に開いた。創設者のオーストワード氏を含めた3人のスタッフによって運営されている。農園は2haで中規模のガラス温室が1棟ある。そこでほとんどすべての野菜とハーブを栽培している。シーズン中は、毎週一箱分の野菜（5ユーロ分）を契約消費者に宅配している。

オーストワード氏は、前項で述べた研究所の研修コースに参加し、自分で選抜を行いながらキャベツの地域適応品種の育成を始めた。その取り組みと彼女の哲学が、ザードゴード財団の機関誌「KIEMKRACHT」の2002年秋号で紹介されている（エピソード参照）。

育種を始めたきっかけ

農場設立後、数年やっているうちに見た目はいいけど味のよくない品種が多いことに気づいて、味のよい品種を探し始めた。大規模にやっていては味の良いものを作れない。一方で小規模すぎると経営が成り立たないことも認識されている。

有機種子を専門に扱う中規模種苗会社ヴィタリスのヤン・ヴェルマ氏（Jan Verema）の協力を得て、いい品種を紹介してもらった。ヴィタリスは農家の欲しい品種をよく知っている。それから数年後、「農家が何をしたいのか」「どんな品種が欲しいのか」を調査していたＬＢＩのスタッフに出会った。キャベツと赤ビーツについて使っていた品種のばらつきが大きかったので、まずその選抜からスタートした。農家が直接育種をすることを考えてもいなかったが、育種をしてみてはどうかと勧められ、研究所スタッフの助言でやってみたいと思うようになった。

育種の開始

２００２年（1年目）：白キャベツ2品種、赤キャベツ1品種をドイツのビンゲンハイマー・ザートグート（5章参照）から手に入れた。また、デ・ボルスターからもオランダの古い品種の赤キャベツを手に入れた。

２００３年（２年目）：50個体選抜して、最終的には35個体から約１kgの種子を得た。選抜基準は、形、切断断面の構造、そしてその調和であった。また、彼女は自分の理想のキャベツ像を、抽象的な言葉を使って〝命に満ちている〟、〝葉の広がり具合のハーモニー〟と表現し、人間を養うことが、命が満ちていることにつながると考えている。

２００４年（３年目）：アムステルダム郊外に住むヤスパー・クローン（Jasper Kroon）氏の農場で４、０００個体、ヘンク・ヴァンシンク（Henk Wansink）氏（ブレーメン在住）の農場で１、０００個体、彼女の農場で５００個体を栽培。５、０００個体のなかから150個体選んで、そこから10個体に絞り込んだ。彼女のところからも５、６個体を選抜した。

クローン氏とヴァンシンク氏によって作られた５、０００個体は、堆肥の多いところで栽培されたので、冬の貯蔵性がよくなかった。貯蔵中も生長するため外葉が開いて品質が悪くなる。また、腐りやすい。堆肥が多いと、生育も早く、球も大きくなる。堆肥が少ないと、生育は遅いが、安定し、貯蔵性もよくなる。

２００５年（４年目）：５個体から採種し、これを系統にする。①母本に選んだ５個体の違いをまず見る。②母本から安定して遺伝する形質を見きわめた。一般に形の形質は母親由来だと言われている。

自家採種を始めたきっかけと有機種子

自分たちで種子を採って売るようになったきっかけは有機栽培に適した品種が販売されていなかったからである。ＥＵ規定改正後、一般の種苗会社が有機種子に参入するかと思われたが実際にはそうはならなかった。たとえば、ブロッコリーは90％の有機農家が一般の種子を使っている。なぜならば有機種子があまりにも高すぎるからである。ずっと有機栽培をやっていると高い種子に慣れるし、その価値も認識できる。ただ、商売としては、いい種子がないから普通の種子を使うという言い訳は成り立つ。たとえば、メキャベツやスイートコーンはいい種子がない。

エピソード1　なぜ農家自身が育種をするのか

ZAADGOED財団機関誌「KIEMKRACHT」のオーストワード氏へのインタビューから抜粋

理想的なキャベツ

「私は、キャベツが素晴らしい野菜だと言うことに気付きました。収穫しやすいし、葉ものだけど、冬の間も大変よく貯蔵できます。同時にキャベツは美しい野菜でもあります。キャベツを切ってごらんなさい、素敵なカタチがみられるわ。人々は、冬の間、もっとキャベツを食べるべきです。私たちは素敵なカタチを必要とし、そして同時に多くの人たちはトマトとレタスを食べます。スーパーマーケットを見てください、すでに切り刻まれたキャベツしか見ることができません。多くの人たちにとって、キャベツはとりたてて魅力的な野菜ではないのです。私たちは、キャベツのふさわしい利用方法をもう一度学ばなくてはなりません。」

最近は何でもハイブリッド

「近ごろ私たちが買っている野菜はすべてハイブリッドです。今まで彼らは、何年ものあいだ固定品種の改良をしていません。ハイブリッドのキャベツは生産性と均一性に関してのみ改良されてきました。いっぽうで、固定品種は、私が〝動き／ゆれ〟と呼んでいる特性を持っています。（固定品種の）植物体はまだ、野外の環境に自ら適応することができるのです。」

固定種 vs. ハイブリッド

「私たちはハイブリッド品種に慣れてしまった。同時にそれは、多くの不都合もともないます。農家の人たちは、ハイブリッド品種から採れた種子は多様に分離してしまうため、自分の種子を生産することができません。そしてその均一性は収穫と淘汰には有利ですが、植物体の柔軟性をなくしてしまいます。」

4. オランダの傾向から

オランダでは、立場を異にする3者、すなわち①自家採種種子のみを販売する小規模種苗会社、②民間の有機農業コンサルタントおよび③意欲的に地域適応品種の育成に取り組む農民の、地方品種遺伝資源の管理に対する取り組みを紹介した。

近代品種の普及に伴い、すでに地方品種というものがほとんど消失してしまったオランダでは、かつての地方品種は、伝統品種などと呼ばれ、その味を懐かしむ人たちや一部の有機農家およびバイオダイナミック農家によって栽培されているにすぎなくなってしまった。小さな市場でしかないこれらの種子生産・販売は、唯一デ・ボルスターによってのみ行われ、その存在が守られているといえる。30年近くにわたって自家採種を続けられた数多くの品種は、採種時に必要な形質を求める積極的または不必要と思われる形質を排除する消極的な選抜が行われており、言い換えれば、そこで地域適応品種の育成が行われているともいえる。オーストワード氏へのインタビューにもあったように、デ・ボルスターで入手したキャベツ品種は、ばらつきが多かったという。採種時に強選抜をかけないことが品種集団内にある程度の多様性を残すこととなり、結果的には彼女にとって理想に近いキャベツの選抜が可能となった。また、彼女が育種を始めたきっかけは、研修を受けてからであり、今後彼女のように地域適応品種の育成をめざす農家が増えていくためには、このような研修制度が非常に重要である。

オーストワード氏のように小規模に有機およびバイオダイナミック農業を営む人たちの多くは、市販されている種子には満足していない。味はもちろん、場所ごとに変わる栽培環境に適した品種を彼ら／彼女らは欲している。その欲求を満たすべく、自ら育種を始める意欲的な農民がこれから増えていくことも予想される。

第5章　バイオダイナミック農業とドイツにおける種子供給のしくみ

はじめに

この章では、バイオダイナミック農業をキーワードに、その育種および種子生産・流通の現状を、発祥の地ドイツを２００６年春に訪問して見聞したことを中心に紹介する。同時に、このような事業・システムが、わが国の農業や開発途上国の農村開発に対して示唆する事柄について考えてみたい。ここでは、化学肥料や農薬を大量に使用する「慣行農業」(Conventional Agriculture) に対して、地域の資源を最大限に利用して環境との調和を図る「オルタナティブな農業」を可能にしている種子供給のシステムを取材した。農業以外の産業からの投入に頼る慣行農業に対置する、持続可能性と地域内での資源循環を意識した新しい農業の取り組みである。厳密な意味では有機農業やバイオダイナミック農業がその主なものであるが、筆者たちは、多少の地域外からの投入物が利用されていても、地域の自然社会環境との整合性があり、農家や住民が主体的にその生産に関われる農業というぐらいの広い意味で考えている。

1. バイオダイナミック農業とは

バイオダイナミック農業は、R・シュタイナーの提唱により1920年代に始められた農法で、農薬や化学肥料をいっさい使用せず、天体の動きとの調和、動物との共生、独自の調合材の使用を主な特徴とする。シュタイナーは、今後の農業における問題は、食物の「質」の劣化であり、それは化学肥料の投入によって起こることを主張していた。バイオダイナミック農業が有機農業の運動と異なるのは、バイオダイナミック農業においては、その生産物が有機的であることだけではなく、その生産システムそのものが生命体（organic）であることを意識している点にある。

1928年には、バイオダイナミック農業を推進する農場および加工者の団体デメター・インターナショナル（Demeter International：DI）が組織されている。アメリカでは、1980年にその支部が設立され、バイオダイナミック農業による生産品の認証（demeter 認証）を行っている。認証された生産物には独自の認証マークが付けられ、他の産品と区別されている。ＤＩには、ヨーロッパ、アメリカ、アフリカ、ニュージーランドから18の認証団体が加盟しており、世界的なネットワークを形成している。現在、世界約40カ国からデメターで認証された3、500を超える産品が出回っている。

2. 種子会社・研究所と生産者グループの協働

組織と経営の状況

ビンゲンハイム良質種子イニシアティブ（以下、ビンゲンハイムと略す）は、大きく分けて3つの組織からなる。第一は、約15人のスタッフで構成される種子会社ビンゲンハイマー・ザートグートＡＧ（Bingenheimer Saatgut AG）、第二は研究所機能をもつクルトゥールザートｅ．Ｖ．（Kultursaat e.V.）、そして、バイオダイナミック農法によって種子生産を行う農家グループである。

ザートグートは、種子の生産を統括し、品質管理はもちろん、クリーニングからパッケージング、そして販売を担当する。100軒程度の採種農家と取引をしており、年間およそ120万ユーロ（当時のレートで約1億9千万円）の種子を販売していた。会社全体では、全部で約350品種を扱っており、これら全品種がカタログ化されている。採種農家から集められた種子は、個々に番号が付けられ、その量、発芽率、採種年などすべての情報がコンピューターで管理され、優良種子の生産ならびに高品質管理が行われている。取り扱いの60％は商業的農業での利用で、残りの40％が小規模農家での利用や有機農産物販売店での小売りである。当時、約6、000件の顧客をもっていた。

採種メンバーとの連携

採種農家は、クルトゥールザートから渡された原種もしくは原々種を使って種子生産を行う。彼らの一番の役割は、種子の増殖であるが、その他にも、品種の維持や新品種のテストといった重要な役割がある。たいていの農家は、1軒で多くの品目を採種しておらず、1つないし2つの品種のみを栽培しており、採種品目はある程度専門化および細分化されている。種子生産のほとんどはドイツ国内で実施されているが、イタリア、オランダでも実施されている。また、トマトやバジル、タイム、マジョラムなど、ドイツでの採種が難しいものはイスラエルやエジプトでも採種されている。採種者は、プロから素人までさまざまで、なかにはうまく採れない人もいる。そのため、ザートグートは、技術的に未熟な採種農家に対して採種方法のトレーニングや指導を行っている。また、クルトゥールザートのブリーダー同様、採種農家同士のミーティングも行われている。その際には、クルトゥールザートやザートグートからも関係者が加わり、さまざまな情報交換が行われている。

ザートグートとクルトゥールザートは、単なる種苗会社と採種農家との関係とは異なり、相互により密接な関係をもつ。まず、ザートグートが育種計画をクルトゥールザートに対して示し、それにもとづいて育種を進めている。さらに、新品種がリリースされた場合、その販売の権利は、ザートグートにある。また、ザートグートで扱っている種子はすべて、DIの認証を受けている。

研究活動と育種の状況

会社の実験室では、品質管理の試験をし、発芽率、発芽勢、種子伝染性病害のチェックを行っている。もし病害が見つかったときは、温湯消毒を行っている。一番気を使っているのは、違う品種等の種子の混入防止で、その純度は99・9％の品質を必要とする。種子コーティングは自社では行わず、他の会社に依託している。また、種子のクリーニング作業では、障害をもつ人たちを積極的に雇用している。ザートグートでは、福祉等の社会事業に積極的に参加することで、社会への貢献を行っていることをアピールしている。

研究および育種を担当するクルトゥールザートは、4カ所に農場をもち、作物ごとに分かれて育種業務を行っている。もともと農場は、まだ誰もバイオダイナミック農法のための系統的な育種をしていなかった20年ぐらい前に、自分の好きな作物の育種をすることから始められた。しかし、最初のうちは、それぞれが自分のほしい種子を他から分けてもらい、自分のいらないものを他に譲るといった、種苗交換をする程度であった。訪問したエクツェル（Echzell）農場では、育種技術者1人でニンジン、キャベツ、リーキ、ホウレンソウの原々種子の維持と育種を行っていた。育種の際の選抜基準は、味、形そして栄養成分が最も重視されている。クルトゥールザートの各農場のブリーダー間には親密なネットワークがあり、2回の会合と、1回のワークショップを毎年行っている。

今後へ向けての課題

現在抱えている問題は、育種に時間がかかることである。そのため、品質や耐病性といった商業的農業者の要求にすぐに応えることができない。後述するように、バイオダイナミック農業では、ハイブリッド種子を使用せず、放任受粉品種のみを使用するため、その育種方法も開放受粉集団改良方式が一般的である。開放受粉集団改良方式（ＯＰＰ：

Open-Pollinating Population improving system）とは、一般に、ライムギ、テンサイ、イネ科牧草類、熱帯果樹類など、一代雑種を効率よく作成できない農作物の改良に用いられる。開放受粉集団は、集団内に多様な遺伝子を含んでいるため、品種特性の均質性を確保することが難しい。しかし、地方品種の改良や遺伝資源の保全などには、この方式が用いられている。この方法では、農業形質の均質化がやや困難であるため、どうしても時間がかかってしまう。また、ナスやブロッコリーに適当な品種がないといったことも現場からの具体的な課題の１つとなっている。

3. 共同生活農場の取り組みとしくみ

ドッテンフェルダーホフ（Dottenfelderhof）農場は、１９６８年に設立された生産と生活を共同で営む農場である。約１８０haの敷地をもち、そのほとんどは80頭の乳牛を飼うための牧草地として使われている。その他、２haの果樹園、１，０００m^2の温室やデメター認証を受けた畑で生産された農産物および加工品等を販売する店舗がある。また、農場は、シュタイナーの思想に基づく有機的な生命体としての生活を目指しており、場内には学校や幼稚園、多くのビジターを受け入れる宿泊施設も整っている。現在１００名以上の農家が働いている。

種子生産体制について

ドッテンフェルダーホフ農場は、研究・育種部門、種子生産部門および農産物・乳製品の生産部門の3つの部門に大きく分かれている。農場内では、研究および育種は行うが、種子の生産はザートグート同様、採種農家に依託している。種子の生産は、ニンジンとキャベツが中心で、ニンジンはここで育種されたものである。種子生産者は、個人的なつながりと、組織のネットワークによって見つけられる。採取された種子は、ザートグートへもち込まれ、ここを通じて販売される。前節で述べたビンゲンハイムとの大きな違いは、ドッテンフェルダーホフ農場が、場内に農産物を生産し、販売するシステムを有することである。ドッテンフェルダーホフ農場で行われている育種活動も、シュタイナー思想の下で、生命体が本来もっている能力を引き出すことを目的にしているが、このことを科学的に証明することの困難さも彼らは承知している。

研究活動と育種の状況

研究・育種部門は2つの部からなりたっており、一方はコムギなどの穀物を担当し、他方はトマト、トウモロコシ、キュウリ、ニンジン、キャベツなどを担当している。育種に際しては、改良品種がもっていない、味や香りといった食物の質（quality of food）にこだわっている。たとえばスイスには、品種改良されたコムギ品種を使わずに、製品の価格を高くしてでも旧来の品種を利用しているパン屋があるなど、旧来の品種の良さを大切にしている人たちが数多くいる。このことは、シュタイナー農業をしている多くの人たちが共有している認識であると、農場の育種技術者は考えている。シュタイナー農業においてハイブリッド種子を使わない理由には、社会的、経済的、文化的な側面があり、文化的な側面は、種子は人々のものであって、大企業のものではないという考え方である。

市民との連携について

ドッテンフェルダーホフ農場はまた、地域循環運動（Regionality movement）との連帯を行っている。これは、「地域のものが一番」をスローガンに、現金の流れを地域内で循環させ、かつ輸送のコストを削減することが目的である。緑の党によって政策として取り上げられたが、市民による運動が先行していた。市民は人間の健康と環境の健康の両方の追求を重要視している。多くの国では人間の健康が重視されるが、ドイツにおいては両方が重要であると考えられている。

また、ドイツでは近年、オーガニック（ＢＩＯ）商品がブームになっている。ドッテンフェルダーホフはＢＩＯ農家として、作物の栽培や酪農を行っている。彼らはＢＩＯ商品を生産・販売することで商品の付加価値を上げ、マーケティングを優位に展開している。また、シュタイナーの思想に基づく「バイオダイナミック農法」を教える年間コースも開催している。広い敷地には、畑や納屋の他に一般消費者のために、自分たちの畑で取れた新鮮な野菜や乳製品、パンやその他ＢＩＯ商品を扱った直売店（Hofladen）がある。

4. バイオダイナミック農業からみた一代雑種の種子

２００４年１月１日から施行されたＥＵ規則第２０９１条第92項（ＥＵ Regulation #2091/92）によって、バイオダイナミック農業はもとより、有機農業においても、バイオダイナミック農法によって栽培・採種された種子もしくは有機的に栽培・採種された種子を使用しなければならなくなった。これに伴い、バイオダイナミックおよび有機栽培農家に対する種子供給および育種への対策が、ＥＵ各国の課題となっている。このような背景のなか、ＥＵ各国においてバイオダイナミックおよび有機農業に対する育種・研究を行っている研究機関および種苗会社があつまったコンソーシアムＥＣＯ－ＰＢが創設され、対策が図られている。

慣行農業では、ハイブリッド（一代雑種）種子の利用が主流になっているが、バイオダイナミック農業においてはもちろんのこと、有機農業においても、その使用が明確に禁止されている。両者は、ハイブリッド種子の使用は、多国籍大規模種苗会社に手を貸し、寡占化を助けることを意味すると同時に、地方在来品種の消失を加速させると考えている。また、この状況が第三世界の国々にも影響し、結果として、これらの国々も多国籍大規模種苗会社に依存してしまうのではないかと懸念している。

バイオダイナミックおよび有機農業向けの品種改良および育種への投資と市場規模を考えたとき、これらの農法によって採種された放任受粉品種のみでは、ハイブリッド種子を主力とする大規模な多国籍種苗企業には太刀打ちできない。このことから、ＥＵ社会において一定の地位をすでに獲得しているバイオダイナミックおよび有機農業では、今回事例調査を実施したビンゲンハイムやドッテンフェルダーホフ農場のように、育種、品種維持、種子生産および流通において独自のシステムが確立されていた。このシステムは、通常の農業と比較して、より消費者のニーズを満たすとともに、より幅広い人々の参加を実現している。

5. ヨーロッパの調査から得られたメッセージ

3章から5章にかけて、ヨーロッパのオルタナティブな農業における多様な種子供給システムの存在を報告してきた。オランダでは、有機農業や小規模農家に対する放任受粉品種の供給体制として、いくつかの種子販売会社と育種および育種方法の研究ならびに自家採種を行う有機農家への研修を扱う民間組織が存在し、また、イギリスでは、有機農業市民組織によって会員による採種や種苗交換（事実上、会員間における流通）のシステムを構築していた。そして、本章で紹介したドイツのバイオダイナミック農業では、持続的な代替的種子供給システムのしくみを通じて、研究と種子生産の密接な連携、技術情報普及のシステムの存在、種苗会社と採種農家とのネットワークの存在、国際的な運動との連携などが明らかになった。この3カ国の調査事例に共通するのは、まず、一定の地位を築いている有機およびバイオダイナミック農業というマーケットが存在することである。さらに、ハイブリッド種子を主力とする大規模な種苗企業にとって企業戦略上参入しにくい小さなマーケットや多岐にわたるニーズに対する育種および種苗生産に対して、独自のシステムを構築している点も注目できる。

このことから、種子生産に多くの農家や市民が関わる可能性を見極める基準として、マーケットサイズの大小、経営規模の大小という対立軸だけではなく、慣行農業に対するバイオダイナミック農業を含めた有機農業という視点を入れて考える必要があることがわかる。このバイオダイナミック農業を含めた有機農業という新しい農業は、ヨーロッパでは政策によっても後押しされている。先に紹介したEU規則第2091条第92項（EU Regulation #2091/92）の施行は、慣行農業との市場における位置づけの違いをより明確にするものである。さらに、ハイブリッド種子を使用せずに放任受粉品種のみを使用するという選択は、慣行農業の育種戦略や育種方法とまったく異なるため、慣行農業を相手にした種子企業の参入をより困難にさせている。したがって、有機農業およびバイオダイナミック農業は、ECO―PBのような独自の育種・研究体制を築き、ヨーロッパ諸国間での小規模な種苗会社や市民組織の国際的な連携を強めている。

しかしながら、ここで注目したいのは、これらに加盟し、活動している組織が決して特定の思想に固執して内向きの活動を続けているのではなく、現在のグローバル化した市場経済のなかで、独自のシステムを形成して、バイオダイナミック農業に従事する農家に必要な種子および技術を提供していることである。ドッテンフェルダーホフ農場の育種技術者も、バイオダイナミック農業を信奉しているわけではなく、あくまでも農場に雇用されている研究者として行動している。研究資金も、環境保全等に意識の高い市中銀行から調達している。もちろんこれはドイツ社会において、バイオダイナミック農業の位置づけが確立しているからであり、生産物に対するある程度の需要が存在することは確かであるが、農産物および種苗マーケットが細分化している現在、わが国や開発途上国においても多様な育種・種子供給機関の共存は可能であることを示唆している。また、このことが環境や地域文化と調和した持続的な農業の振興につながるとすれば、さらに多様なシステムの構築が考えられるであろう。

エピソード2　アイルランドシードセイバーと在来品種の復活

シードセイバーの活動概要とその政治経済的状況

世界中で行われているシードセイバーの活動につながる団体の1つにアイルランドシードセイバーがある。アイルランドシードセイバーの最大の目的は、アイルランドの文化的、遺伝的遺産(heritage)を一般の人々の手に運ぶこととされている。さらに、メンバーがこのような活動の世界的なネットワークに連なることの利益は、地球の消え行く遺伝資源を実質的、実際的な方法で保全していく責任と喜びにあずかるチャンスを得ることであると説明されている。

栽培上のより実際的な観点からは現在の種子産業の問題点が指摘されている。アイルランドで商業的に流通している種子の大半が中央アメリカまたは北アフリカ等の乾燥地で採種されている。このような、アイルランドとは大きく異なる条件下で生産された種子がアイルランドにおいてその遺伝的特性を充分発揮できるとは限らないため、シードセイバーは伝統品種の生産配布に加えて、商業的に流通している品種のアイルランドにおける採種も実施している。

プロジェクト例

穀類プロジェクトは、すでにアイルランドからは消滅した品種を国外のジーンバンクから研究用に入手し、増殖の上、国内での保存と会員への配布を行うことを目的としている。たとえば、ソナス（Sonas）と呼ばれる冬場栽培のエンバクの品種は1911年に育種されたアイルランドの気候に適した品種で、最初5gを入手し、3年間にわたってスタッフによって増殖が行われた。これらの栽培は有機的に行われているために、除草や鳥害対策はすべて人力に頼っている。季節にも左右されて必ずしも順調に行ったわけではないが、4年目の2000年には約100kgの種子を収穫した。これによって、部分的ではあるが、興味をもった農家への配布が可能になった。また、地域の農業大学において、圃場レベルで低投入条件下の栽培試験が行われ、ワラおよびモミの収量および品質の検定が行われている。有機農業の展開にしたがって、家畜の敷き藁にも有機栽培のものが必要となり、試験の結果十分な成果があげられれば、伝統品種を活かしかつ経済的にも持続可能な小規模農業を展開する可能性が期待されている。

より文化的色彩の強いものとしては、アラン諸島において栽培されているライムギがある。ここでは、住民はライムギを一義的には屋根に葺く材料として栽培し、同時に家畜の飼料にも利用している。何世代にもわたって、種子が引き継がれてきたが、栽培する人がいなくなり、一部は野生化しているものもあった。これらの種子を収集、増殖し、島の農家に戻すことによって、屋根の葺き替えを行う農家の必要を満たすことが期待されている。

第 3 部　日本における協働による種子を守る活動としくみ

在来品種を使った清内路あかねの「古漬け」

第3部では、在来品種を含む地方品種の種子供給が、多様な形態によってなされ、地方品種のタネがさまざまな参加者によって守られていることを長野県の事例から明らかにする。長野県は、その多様な地理的条件などから、他県に比べて多くの在来品種が依然として残っている。特にカブやダイコンは、実にさまざまな形や色、味があり、地域ごとの食文化のなかに見事にとけ込み、欠かせないものとなっている。まず第6章では、カブの地方品種のなかに、研究者のメンテナンスによってF_1化され、形質を均質化することによって、市場性を回復させた事例を報告する。第7章では、ソバ在来品種をめぐる現場の葛藤について報告する。

第6章　地方野菜品種のF_1品種化

―長野県在来かぶ品種「清内路あかね」事例から―

はじめに

２００５年10月24日の官報に１つの野菜の品種登録が公示された。それは「清内路あかね」と名づけられたカブのF_1品種である。このカブはその名前が示すように長野県南部の清内路村で伝統的に栽培されてきたカブを育種素材として、信州大学と村役場、農業改良普及員とＪＡ南信州（当初は清内路農協）の協働事業によって育成され、２００２年４月23日に品種登録願が出されていたものであった。

長野県には、全国的に有名な野沢菜をはじめとして多くの漬け菜が栽培されている。これらの漬け菜は、それぞれの地域で独特の栽培がなされており、またその漬物としての利用方法も異なるため地域によって形態や栽培方法に大きな多様性が見られた。しかしながら、昭和後半から、農村の過疎化、農業の産業化や流通方法の変化により、小規模で栽培されるいわゆる伝統野菜の栽培は縮小し、多くの地方品種が絶滅の危機に瀕するようになった。

そのような背景のなかで、形質にばらつきの多い地方品種を素材にして規格のそろった野菜を生産できるF_1系統を育成することによって、登録品種を用いた地場産業を育成するとともに、伝統野菜の遺伝資源を利用した持続的な生産を確保しようとしている事例が「清内路あかね」である。

本章では、この「清内路あかね」をとりあげ、今後の中山間地における地域資源である作物の遺伝資源を活用した地域づくりあるいは地域活性化に地方品種が果たす役割とその課題について紹介したい。特に農家を中心としたさまざまな関係者のそれぞれの役割と関係、作物を栽培し伝統的に採種をしている農家の意識について描写したい。

1. 長野県在来かぶ品種「清内路あかね」

生産地域の概要

旧清内路村（現在は阿智村に合併）は、長野県の南部、伊那と木曽の分水嶺にあたる下伊那郡の西端にあり中央アルプス南部に位置する。2006年に隣村の阿智村と合併する以前は、面積約44km²、人口約780人（2000年国勢調査）の小さな村であった。海抜は640mから1,636mと非常に標高差の大きい地域である。集落は大きく分けて上清内路と下清内路に分かれ、標高差もあることから多少気候条件も異なり、それぞれ独自の文化をもっている。伝統産業としては葉タバコの生産と養蚕が盛んであったが、時代の変化に伴い過疎化、高齢化が進んでいる。1995年から2000年にかけて村の人口は約12・1%減少しており急速な過疎化が進んでいることがわかる。274世帯のうち世帯人員が1人の家が59軒あり、間借りや独身寮世帯がないことからその多くが独居老人であると考えられる。

2000年の農林水産省世界農林業センサスによると農家数は69戸で、その多くは自給的農家で、販売農家は16戸（1990年は22戸）にとどまっている。またそのうち13戸までは耕地面積が0・5ha未満で、残りの3戸も1ha未満である。耕地面積は27haで、そのうち24haが畑、残りの3haが田である。農家人口は239名であるが、基幹的農業従事者は13名（1990年は40名）でうち65歳未満は女性1名のみである。このような農業構造のなか、「清内路あかね」とミョウガが村の特産品となっている。

利用された地域資源としての「清内路あかね」

清内路村には、昔から地域の人々が「赤根」と呼んでいるカブが栽培・利用されている。根の形が普通のカブとは異なり、ダイコンのように長くなること、またその表面の色が赤いことから「赤根大根」と呼ばれることもある。このカブは遺伝的な形質からみると、長野県内で栽培されている他のカブや漬け菜とは異なる品種群に分類される。むしろ飛騨地方や滋賀県に残る品種との近縁性が強く、江戸時代のタバコの出荷との関係や、木地師がもち込んだとされる説が有力である（大井・神野、２００２）。清内路のタバコ生産は17世紀から行われており、江戸での評判もよく、村人が江戸をはじめ美濃や大坂に売りに出ていたことが想像され、その帰路にカブが飛騨か近江からもち込まれた可能性がある。また、木地師については、近江湖東に本拠をもっていた集団が、全国に良木を求めて分派する中で江戸時代中期に清内路に定着するようになったとされる。

また、根の色の赤さも特徴で、長野県をはじめ全国で栽培される色カブのなかには紫赤色（シアニジン系アントシアニン）系が多く、紅色（ペラルゴニン系アントシアニン）系は少ない。

2.「清内路あかね」のF_1品種化

F_1品種誕生の経緯

清内路村では、古くから赤根を栽培し、自家用の漬物として利用してきた。伝統的な食べ方は、それぞれの家によっても異なるが、下清内路のある農家男性によると次のような食べ方が一般的であったようである。

・塩と柿の葉を乗せて漬ける。乳酸菌ですっぱみが出てくると紅色が出る。3月、4月が食べごろである。酢や砂糖を使って漬けるのは贅沢であった。

・秋11月に収穫したものを次の年の夏頃から食べる古漬け（深漬け）もある。塩とトウガラシに酢を少し加えて漬けている。粉糠《こぬか》・柿の葉も加えることがある。地域の住民はこのトウガラシの辛さを「あいそがある」という。11月に漬けて3月に口あけし、10月まででかけて食べる。3月ごろ漬けかえるといいと言われている。3月以降重石を載せておく。子供のころはご飯とお漬物で育った。

・根を生で刻んでわらに通して干して大根と煮ると甘味になる（切干のようなもの）。

・おやつに生で食べる。

・野沢菜（または源助カブ菜）・白菜・赤根の葉っぱと根を刻んでまぜて塩で漬ける。

この家では、販売用の「清内路あかね」は栽培しておらず、在来種で漬けたものを兄弟や親戚に送っていた。春食べるものと、夏以降に食べるものと2種類作っているという。

このような伝統的な食べ物が、特産品として注目されるようになってきた。最初は自分たちで採種したタネで栽培したカブを漬物にしていた。しかしながら、在来品種のカブは長いのや短いもの、形の異なるもの、色の薄いのなどばらばらになっていた。このことから、村の貴重な文化財でもある野菜品種を守る必要が村役場当局に認識され始めた。

前後して、2000年には、木曽と伊那を結ぶ国道256号線にトンネルが開通し、往来が増えるとともに、2社の漬物販売店が村内に進出してきた。地域の特産加工品が地域への入り込み客に販売されることは地域経済の活性化にとって喜ばしいことであった。

一方で問題も生じた。トンネルの開通に先立つが、清内路あかねの漬物を量産するためには、規格のそろった材料を一定量生産する必要が生じたのである。しかしながら、先にも述べたように昔から村内で作られていた品種は、長年にわたる自家採種の結果、形や長さ、色にばらつきがあった。また、そのような硬い根は農家が昔から食べていた古漬けには適しているが、地域外への販売用の酢漬けには漬物業者は短期間で早く漬けることのできる根の柔らかい材料を必要としていた。

当時の役場の振興係の話では、在来品種はもともと自家消費用と考えられており、販売用漬物の材料としての引き合いが来た時に、どうせ生産するなら商品化できるものをと目指したのが「清内路あかね」の品種のF_1化のきっかけであった。当時の農協は清内路で単独だったので地域に力を入れる体制があったことも背景として重要である。

もっとも、最初からF_1品種の育成が目指されたわけではなかった。最初に「清内路あかね」の品種の維持事業が開始された1989年当時は乱れた形質をそろえようという意図であった。それに先立ち、各農家でカブの形質を統一する試みもなされたようであるが、技術的に困難であることがわかり、県の長野県地域開発機構の業務として実施されるようになった。最も意識されたことは形を整えるための品種の固定化であった。

その後、村中の品種を集めて、県の農業改良普及員、農協の技術員、役場の担当者や大学の研究者が関わりF_1品種の育成が行われることになった。その後1994年には市場性を考慮した育種としてF_1化のための「清内路あかね種子選抜固定化事業」が農協、村の協力で策定され、1995年から村で予算化された。このときに高度で専門的な技能が必要とされ、母本の選抜、母本の管理・種子調整は信州大学に委託することとなった。

1996年には純系育成のための自殖と自家不和合成検定のための純系間交配（144組）が実施され、また優良とされた系統を村内で播種し優良個体を選抜した。交配と圃場での検定を繰り返し、1999年には42系統192株がほぼ純系に達し、2000年には原々種を採種し、2001年にはF_1採種とその圃場栽培による特性の検定を行った。具体的には2000年に交配した10系統18組のうち、4組が優良と認められ、最終的には根型筒型で胴張りのするやや大型の特性をもつ揃いの良好な組み合わせが選ばれた（大井、2001）。

「清内路あかね」栽培と販売の現状

清内路あかねは、現在年に2回の栽培が行われている。昔は秋作のみで、8月20日過ぎに蒔いて10月中下旬に収穫した。昔はこれを漬けて翌年食べたが、峠に漬物の販売店が出来て以来春蒔きも始まった。これは4月20日前後に蒔いて60日で収穫できる。

F_1種子は原則としてJA清内路支所内で活動している赤根部会のメンバーに優先的に配布される。2005年春にはそのうち30名に対して種子が1袋（7㎖）ずつ配布され、そ

表１　赤根大根の出荷量（単位：kg）

	2002年	2003年	2004年	2005年
春　作	3,194	2,156	3,606	5,469
秋　作	6,142	7,066	6,674	9,701
村　外（阿智）	2,659	2,991	4,512	7,951
村　内	6.667	6,232	5,768	7,219
合　計	9,336	9,222	10,280	15,170

出所：JA清内路事業所資料をもとに筆者作成。

れに加えて12名のメンバーが有償で24袋購入している。メンバーの耕作可能面積は約１０５ａとなっているが、実際の栽培面積は春作が22・２ａ、秋作が23・９ａとなっている。村内の農家には優先的に種子が配布されるが、村外に配布する場合はその収穫物をＪＡの清内路支所に出荷することを条件としており、２００５年春には40袋がＪＡ阿智事業所に販売された。

出荷の実績は、２００５年秋作を例にとると村内農家からは24軒、村外からは19軒となっている。村内では最も多い出荷量が７２３kg（Ａ級のみ）、少ない出荷量は８kgであった。ＪＡ清内路事業所が取り扱っている清内路あかねの出荷量の過去４年間の変遷は表１のとおりである。

表から明らかなように、２００３年を除いて順調に出荷量は増えているが、その増加量の多くは村外の阿智村で生産されている。具体的には、村外は14年の２、６５９kgから17年の7、951kgに大幅に増えているが、村内は6、667kgから7、219kgへの微増にとどまっている。表にはないが、1996年には阿智村からの清内路への出荷はまったくなかった。これは、いい品種が育成されても、化学肥料による栽培では連作障害があることや、清内路村が山間部にあり容易に機械化ができないことが理由として考えられる。また2005年には従来在来種ではあまり作られていなかった春作が大きく増えている。

これらのJA清内路支所が取り扱う清内路あかねは後述する試験的焼酎製造の分を除いてはほぼ全量が2社の漬物業者に納入されている。結果、2005年には漬物業者2社にだけでも約15トンの出荷が行われるようになった。これ以外にも隣の阿智村にある昼神温泉の朝市では阿智村の生産者が直接販売しており、これも含めると規模は小さいながら地域特産物としての地位は確立しているといえよう。

さらに、村長のリーダーシップもあり、「清内路あかね」を使った焼酎の製造が、ブランド化の一環としての側面と、B級品や鬆が入っていて返品されたものの有効利用として2004年から取り組まれ始めた。漬物として販売できないカブを利用するので、理屈では捨てるところがなくなることが1つのポイントである。酒造会社にしてみれば、本格的な日本酒の前にあいているラインを利用できるメリットもある。地元飯田市の酒造会社が商品化に取り組み、2005年夏には試作品が完成した。現在量産化に着手しており、2005年秋の収穫では700kgの蕪を材料に3、000本が生産されている。実際は「清内路あかね」の出荷量としては今でもすでに限界なので、焼酎のための増産は難しいと考えられる。

「清内路あかね」F_1種子維持管理の工夫

次に、このような「清内路あかね」の生産を支える種子生産と供給のしくみについて述べる。

2000年秋には4系統の母本系統がほぼ完成し、2001年春から採種が始められている。この採種は農協の赤根部会が中心となって行い、最初のF_1種子が採種でき、2002年に使用した。このときは、部会のメンバーが交代で作物の管理を行い、いわゆる日記帳をハウスにおいて管理記録を残していた。これらの採種は、2002年の予算で役場の補助を受けて農協が管理しているハウスで行っている。信州大学が母本を管理、農協の育苗センターで発芽させ、技術員がもってきて、ハウスに定植する方法で関係者が連携していたことが明らかになっている。

1回採種すると3―4年の栽培に必要な量の種子を採れるが、2004年秋には在庫が無くなってきたので2005年春にハウスで取ろうとした。このときは3月に蒔いて、夏採る予定だったが、丈は伸びて花も咲いたが種は採れなかった。原因の1つは、コナガ・アブラムシ・ウドンコ等の病害虫である。普通は秋の根を寒さに当ててから花を咲かせるが、2005年春は、春に種子を蒔いたこともあり、花も小さく、実も弱かった。元肥が多く、葉っぱは大きく密になったが軟弱になってしまったことも1つの原因であった。

この過程で、信州大学が母本を維持するのが大変なので2004年に初めて採種の村外企業への外注が行われた。2002年に取った種がなくなったときに、採種や母本管理のノウハウをもった業者に依頼することを村として検討した。契約内容は全量買取で1ℓいくらとなっており、契約期間の明示はない。その結果、2003年に種苗会社に母本を渡し採種を依頼したが、種苗会社は2005年春に花を咲かせることができなかった。種苗会社からは少し長い期間かけないと充分な量を供給できないと説明されており、2005年春は村内採種も失敗したため、2006年の採種が失敗すると2006年春に蒔くF_1の種子がない状態に追い込まれている。このままでは漬物工場には在来品種で栽培したカブを出さざるを得ないという危機感がJAや役場関係者にはあった。

これまでも述べてきたようにF_1固定化事業は村の担当、ＪＡ清内路支所長、赤根部会長が中心になって進められてきた。採取された種子は、ＪＡが採種したものも、将来種苗会社から納入されるものも、その管理は村が保冷庫での現物管理も含めて行うことになっている。しかし、その種子をどれだけいくらで農家に分けるかはＪＡが決めている。２００５年の例では、部会員には７㎖を１袋にして５００円で販売し、部会員以外は別料金（注：今回の調査では金額不明）で高く設定されている。種子は、まず村内在住者に販売し、その次に村外でもＪＡに出荷する農家に販売する。それ以外には売らないこととしており、地域ブランド化が意識されている。出来た生産物は在来品種を使用したものも含めてＪＡへ出荷することが期待されている。

村としては、あくまでも量販ではなく、「ものがたり性」をもつ商品を育てたいとしているが、同時に村内だけでは在来品種を含めても春秋あわせて10トンしか出荷できないことも、ＪＡや役場関係者には認識されている。連作障害があることや、機械化ができないことなどが村内生産が増えない理由である。漬物業者は年間40トン必要としており、それだけの量は村内では賄えないので、旧南信農協の西部方面（根羽・平谷・浪合・阿智）の似た気候のところで作ってもらい買い取ることにしている。調査では阿智村以外での生産・出荷量に関するデータは得られなかったが、清内路・阿智の両村で２００５年は合計で約15トン出荷できている。

このような種子配布の方針は村内出荷者（または以前の出荷者）の集まりである赤根部会で決められている。村外の人は方向付けの議論には入らない。上で触れた採種の村外への委託も部会で決めたことである。赤根部会は年に２回、４月中旬と８月上旬に研修をかねて総会を行っている。技術的指導を普及員や農協から受けるとともに、春の総会で部会員は種子の配布希望を出す。

種苗法関係では、「清内路あかね」の品種登録は村長と信州大学の研究者が共同で申請しており、その登録費用は村が負担している。

3. 農家の在来品種の特徴に対する評価

F_1化された「清内路あかね」であるが、その素材となった在来品種はいま農家にどのように認識され利用されているのであろうか。多くの関係者が在来品種の重要性を口にしている。おおまかにまとめると、「固有種（在来品種）はもともと自家消費用であり、漬物の引き合いが来てどうせ作るなら商品化できるものを目指した。F_1化した目的は市場性のあるものであり、それはそれでいい。しかし、在来種を作っている人から見ると、在来種とは違ったものになったという感覚がある。F_1は清内路の漬物には合わない。長く漬けると柔らかくなり味も悪い。」という認識である。実際、今も木曽の旅館が上清内路から在来品種で栽培した蕪を買っており、市場原理と平行して従来からの地産地消も存続していることに注目したい。

続けられる自家採種の工夫

さらに、それぞれの自家採種をしている人たちの工夫も語られる。「種子は、山の中で交配しないようにして採る。11月中旬に収穫して、日当たりのいいところに干し、しんなりしたものを洗う。まっすぐ、長く、色の濃い、枝分かれしないものを選ぶ。素性のいいものは葉っぱも違う。素直に出ているので抜く前からわかる。冬場は家の下の日当たりのいいところに植えておき、3月中ごろの雪解け時期に家から500mほど離れた山の端に植え直す。6月中旬に種を採る。毎年15本ぐらい残し、2—3本だめになるので12本くらいから種を採る。友人たちも欲しがるのでこれぐらい植えている。古い種子でも生えるが毎年採っている。

種を採るには他のアブラナ科と混ざらないように注意する。「清内路あかね」の栽培はほかでもできるが、種子は清内路でないと採れない。阿智では他のアブラナ科の近縁品種と交配して根の色が紫色になる。だから、阿智の人はお金を払ってでも清内路の農家から種を買っていく。ただし1年ぐらいは清内路の形質がもつ。種子は杯1杯ぐらいの量を4―5人の親戚および親戚を通じた知り合いに分けている。弟が川越にいて屋敷で作っているが、種は採っていない。」

在来種栽培への思い

また、在来種の作り方に対する思い入れもある。

「栽培面積は全体で1反ぐらいだが、そのうち赤根は二畝ぐらいで栽培している。自作地はないが、母親の実家の畑を借りている。同じ畑で多少場所を替えて70年近く作っているが深刻な連作障害はない。（もともとは女性が栽培していたので）自分は妻が亡くなってから栽培を始めた。最初は化学肥料を使ったが、根コブがでた。学校で農業を習ったときに「土を作る」ことを言われたが、根コブの原因は化学肥料である。木の葉や草の葉を入れると土が柔らかくなる。出来る野菜もちがうし味も違う。最近は腐葉土、土手の草も

自家採種用に畑の一部に残されているかぶ

入れている。連作しても根コブが出ない。木の葉、油粕、石灰、窒素を入れて1年置いておく。昔（終戦時まで）ナラの木の枝（柴と言った）を畑に入れていた。ナラを1mぐらいの高さで切って、出てきた枝を2年目に切って葉っぱごと干して畑に入れる。タバコや桑畑に入れていた。最近は自家用が多い。いいものを作りたいので、いろいろなところで意見交換をする。

昔は、タバコと桑畑の間に「シャエンバタケ」と呼ばれる野菜専用の畑があった。今80代の人の話ではそこは連作しても問題はなかった。葉っぱの髄や蚕糞を入れていた作り方の問題ではないかと考える。最近は、木の葉、草を入れている。外国の草が増え、勢いが強

昔は日本の農村のどこででもみられた，作物の種子を軒先で干す風景が，長野県の村々には今も残っている。

いので畑に入れると芽が出てくる問題がある。」

地域の野菜全般に対しても思いが語られた。「清内路にはカボチャやキュウリのほかにも多くの在来種がある。トウモロコシもあった。ヤトオリ（八通り）キビと呼ばれている。紫がかった平たい感じであり、モチキビと言う。ほかにウマノハと呼ばれるのもあり炒って食べたが終戦後なくなった。きゅうりも長いのと短いのと2種類あり、赤根やダイコンと一緒に漬ける。インゲンのなかまでトラマメ（表面にブチ）という品種も残っているかもしれない。ほかに真っ白のもののもあるかもしれない。

清内路では「種もの」は大事にしないといけないと思うし、最近はその考えが多少浸透してきたが、気のない人が多い。区の席や隣組の集まりで俺たちの代だけでもがんばろうと言っている。意識的に話はしているが、具体的に農家の間で種の交換などはしていない。」

F_1栽培への反応

一方で、F_1品種を栽培している上清内路の農家からは次のような意見が聞かれた。

「2年前までは上でも在来を作っていたが、今はF_1しか売ることができないのでF_1のみ作っている。農協に出荷するにはF_1品種を栽培する必要がある。自分のうちで使うのには在来品種で作ったものがいい。でも、両方作るのは年寄りにはできない。F_1の方が収量もよくなく、鬆が入りやすい。また、形もよくない。赤根の在来品種は上清内路では「牛角」と呼ばれていたが、F_1ではそのような形にはならない。F_1の採り実は在来の半分くらいしかない。農協の指導員も在来の形質利用の必要性を指摘している。4月から5月に食べる漬物には在来がよい。買ってくれるので仕方がないから作っている。春まきは特に2日収穫時期がずれたら鬆が入り失格となり出荷できない。

2005年は4月30日に蒔いて、6月21日（53日目）に収穫している。春まきでは1日でもずれると鬆が入るので、少々目方が少なくても（規格で）A級になるように出荷する。直径5㎝以上はB級品とされる。もう少しと思うと鬆が入るので赤根は難しい。また、個人に売るならどんな風に栽培してもいいが、農協に売るためにはいつ消毒したかなど記録しておく必要がある。」

このように、F_1品種の育成が行われても、在来品種を栽培し続ける農家や、F_1品種を栽培しても在来品種への思い入れを残している農家が村内に存在していることが明らかになった。

「清内路あかね」F_1品種育成事例の地域資源利用からみた評価

まず、地域の固有資源の価値に関係者が気づき、その保全を図るとともに商品化していったことの意義は大きい。役場振興係担当者の話では、自身の家では昔から主に母親が赤根を作っており、以前は自家用に在来品種も作っていたが今はF_1栽培を始め、在来品種は作っていない。さらに、「担当になるまで赤根について考えたことがなかった。」とも言い、「清内路あかね」がF_1としてブランド化されていくなかで、役場職員が村内の資源の価値を共有しつつあることがわかる。一方で、登録した以上、理屈上は「清内路あかね」はF_1品種のみになることも懸念されている。従来の清内路あかねは村民に単に「在来」と呼ばれているが、この認識の違いを村民がどう共有するかが課題である。

第2に、商品化を通じて、地域の農家に副収入がもたらされ、限定的ながらも経済的な効果も見られている。実際は1トン出荷しても30万円なので、清内路あかねを中心に農業経営を行うことは現実的ではないが、特に年金受給者である高齢者が地域の資源を受け継ぎつつ、副収入を得ていくことの意味は大きい。実際ある高齢女性はつぎのように語っている。

「春と秋とそれぞれ二畝程度作っている。それぞれ100kgずつ出荷すれば1年で70,000円ぐらいの収入になり、詩吟を習いにいくときのタクシー代にはなる。」

第3に、F_1化された種子の管理においても工夫に注目できる。村内の農家には優先的に種子が配布されるが、村外に配布する場合はその収穫物をJAの清内路支所に出荷することを条件としており、地域特産品としてのアイデンティティーを保つ努力がされている。今後漬物業者は年間40トン程度の材料を確保したがっており、村内生産は約10トンにとどまっていることから近隣地域の農家との協力は地域ブランド形成に欠かせない。

一方で課題も多い。一番の問題は後継者であり、その深刻さはＪＡの赤根部会のメンバー自身も認識している。現在、部会で一番若い人で65歳くらいである。若者が参入できない1つの理由はその経済的価値の低さである。「清内路あかね」がブランド化されつつある現時点でも、1kg300円にしかならないので出荷1トンに対して30万円の収入にしかならない。高齢者の場合は、年金＋αの収入となるためそれなりの価値があるが、この金額では若者をひきつけることはできないし、食べていくことはできない。

もう1つの理由として栽培方法がある。清内路では清内路あかねは従来から山間部の出づくりで栽培されており、この方式は現在も続いている。したがって、地形の制限から栽培はほとんど人力で行われているが、機械が入らなければ若い人がやる気にはならないと考えられる。さらに、人力で栽培できる面積には限りがあり、現時点では一番たくさん出す人で5aの畑から秋600kg春1トンぐらいしか出荷できていないのが現状である。さらに、連作障害の問題があり、1回作ったら2年は休む必要がある。昔は人糞・蚕糞を使っていたので病気も出なかったが、化学肥料を使うと根コブがでやすい。トウモロコシ等を植えると獣害（イノシシ・ハクビシンなど）にあうので、ただあけておくほうが囲う手間が要らないという状況になっている。

「清内路あかね」が継続的に栽培される1つの方法は定年間近の人に栽培してもらうことであり、これが実現すれば品種をスムーズに残していける可能性がある。ただ、それまで畑が荒れなければいいが、実際には1年作付けをしないと畑はもう荒れてしまうので問題である。

他に登録した品種にかかる料金負担の問題もある。大規模に販売される品種であれば問題はないが、数十軒の農家が小規模に栽培するだけの種子に登録料を払うことは大きな負担となる。今後この負担をどうするか課題となっている。

さらに、F_1化したことにより、従来からの在来種の自家採種が廃れてしまう危険もある。この点はさらなる調査が必要と考えられるが、F_1の品種を栽培している農家の次の発言は在来品種存続の可能性を示唆しており興味深い。

「来年F_1の種がなければ在来を蒔くしかない。F_1がなくなったときのために在来の種子も下清内路集落の人から買ってきている。農協もF_1で充分な量を仕入れられなかったときには在来種を使った生産物も別に出せば買ってくれる。今年は種子が間に合ったので結局作らなかった。ハウスのなかで作る種は弱い。昔から清内路で取れる種子は（村内の）どこででも採れた。F_1種子にしたことは失敗だったかもしれない。実際に、まだ下では在来を採り続けている。上清内路集落はほとんどF_1に換わった。自家用にでもF_1を使っている。」

「赤根は長くて大きいのができるといい。F_1は短いのが欠点で、甘味も薄い。買って食べる人は在来の味を知らない。昔から上の赤根は長かった。F_1を作るときに下から選んだのではないか。昔は自分で作った赤根を品評会に出した。根の分岐が少なく長い、味がいい、柔らかいものを作った。平成に入ってからの公民館の文化祭での農業品評会で、なかが白くかすかに芯にピンクが入るのがいいと言われた」

F_1化の意義と今後の課題

一方で在来品種の栽培面積が減少すること、在来品種が栽培されている圃場がこれまで以上に小さくかつ改良品種の畑によって大きく分断されること、一部の栽培体系からは在来品種が完全に消失することなどが予想されている。そういう意味で、清内路あかねのF_1化は、少なくともこの在来品種の遺伝子プールの一部の保存が行われたという大きな意味をもつ。他方、圃場における在来品種の継続的栽培では、遺伝的多様性に具体的にどのような影響を与えるかは明らかにはなっていない。今後圃場における在来作物遺伝資源の保全を議論する場合には、限られた面積でどれだけの多様性を保全できるかと、農民にどのような動機が存在するかの2つの疑問を考察していかなければならない。生物地理学、集団生物学と農業経済学や民族植物学との連携が必要となってくる。

また、農民の参加を得て在来作物品種の遺伝資源を保全するためには、研究所や研究者による育種目標の設定に農民の同意を得るだけでは充分ではないとも考えられる。当然、農民自身が「在来品種の栽培や保全を行いたい」という気持ちをもっているだけでも充分とはいえない。事業計画の策定にあたって農民自身が品種の選択、投入物の負担、農民と研究者等外部者との役割分担、組織形成と会合への参加、労働提供等に関して誰がどのような権利義務をもつのかということを、生産物の流通までを含めた市場経済の枠組みのなかでしっかり認識することが重要である。

エピソード3　種の自然農園

（大和田興（東京農工大学大学院連合農学研究科博士後期課程））

種の自然農園の概要

岩崎政利さんが主宰する「種の自然農園」は、長崎県の南東部、島原半島の北西部に位置する雲仙市にある。「種の自然農園」は、岩崎政利さん、妻と母の3人により営まれている。２４０ａの畑と14ａの水田を経営耕地とし、野菜の露地栽培を中心に、自家採種に基づく有機農業を行っている。本人もすでに把握できないほどの野菜を栽培しており、その品種は80を超える。出荷先は、一般消費者への定期配送（長崎市内消費者や県外消費者グループ）と、県内外の自然食レストランなどとなっている。自家採種をした種苗は、日本有機農業研究会の種苗交換会などの場を通じ、種子の交換や交流を進めている。

自家採種を始めるまでのあゆみ

岩崎さんは１９５０年に長崎県雲仙市吾妻町の農家に産まれた。長崎県立諫早農業高校に進学し近代農業に興味をもった。高校で施設園芸による野菜栽培の技術を習得し、卒業後、後継者として就農した。24歳で吾妻町青年団長になり、26歳から5年間雲仙農協野菜部のリーダーとなり、ブロッコリーなどの産地形成を積極的に行った。そのようななかで、急に体調を崩し、原因不明のまま体調がすぐれない状態が2〜3年続き、岩崎さんは農業を何度も止めようと思った。病院の帰り道、書店に立ち寄った際に有機農法に関する書籍と出会った。その時、有機農業や自家採種に興味をもった。農薬を使うのはもう止めようと決心し、有機農業を極めてみたいと考えるようになった。そのなかで、同じ地域の7戸の農家が賛同し、岩崎さんと共に、吾妻有機農業研究会を1982年に発足させた。長崎市や諫早市内のニュータウンなどにて、軽トラックで青空市場を開くなど、引き売りをして懸命に有機栽培の野菜を販売した。約3年間このような販売方法を続け、次第に「岩崎さんの野菜が食べたい」という顧客が増え始め、「吾妻町有機農業研究会」の名前で県内の生協へ出荷するようにもなった。年々消費者が増えるにつれて、「もっと美味しい野菜を食べてもらいたい」と思うようになった。

「種の自然農園」と自家採種の取り組み（その工夫と思い）

岩崎さんは、自らの農園を「種の自然農園」と名付け、自らの農業のあり方を「生物多様性農業」

と呼び、生物多様性の豊かな農園づくりが大きなテーマとなっている。

有機農業に取り組むなかで、無消毒の種苗の確保が必要であり、固定種の利用が勧められていたことなどの理由から、自家採種の取り組みを始めた。岩崎さんが自家採種に取り組んだ最初の品目は、地元の黒田五寸ニンジンであった。苦労を重ねニンジンの系統選抜を繰り返し、畑にあった固定種を育成した。自家採種の技術については、「選抜のなかで、これでもか、これでもかと、すばらしい姿の人参だけを選び抜いてその人参から、種を採り、その種で人参を育てていきました。ところが10年すぎても、自分の思いとは反対に、人参の生命力は弱くなり、最後には種が年々と少なくなって採れなくなってきました。私はこの人参から、種とは、多様性のなかに守られていることを知ったのです」と語っているように、日本有機農業研究会における交流などを手がかりとしつつ、手探り状態で栽培する品目・品種、畑に適した技術を体得していった。その後も、種子交換などに取り組み、次々と自家採種を行う品目・品種を増やしていった。岩崎さんは自家採種の取り組みを進めていくなかで、種を守り続けていくことによって、自ら農民としてとても自立したことを感じると語っている。品種が多く蒔き忘れてしまう年や、うまく育たない年もあるが、試行錯誤をし、3~10年（遠方からの品種の場合5~15年）程度かけて特性を理解し、淘汰、環境に適応させることで、オリジナルな品種になるとともに、「味の良い品種にもなる」という。

実際に、「種の自然農園」には、雲仙こぶ高菜など地域の在来品種や父から引き継いだ品種（まくわうり、つくね芋、しょうが、風黒サトイモ、空豆など）もあるが、大半は種苗交換会など全国各地に広がる自家採種のネットワークに基づき入手した種子であり、自家採種を繰り返して環境適応させて活用している。現在では、野菜に関して〝生きたジーンバンク〟といえるほどの遺伝的および種の多様性を誇っている。また、圃場の生態系は、害虫やその天敵を含めてきわめて豊かであるといえる。

今後も岩崎さんは、自らの農法のさらなる追求を図りつつ、多くの農家が失ってしまっている自家採種技術を正当な農業技術として復活させることや、農業における生物多様性の保全の重要性について広く訴えていくこととしている。

しかし、自ら自家採種する品種の数や供給できる種子の量については限界を感じており、将来的には、自家採種のネットワークの拡大と、地域において農家が中心となって利用・管理するジーンバンクの設立が必要と考えている。

地域との関係（雲仙こぶ高菜の取り組み）

雲仙市では、地域の伝統野菜である雲仙こぶ高菜の復活プロジェクトが進められており、岩崎さ

自分で種を採る岩崎さんの採種場

んを代表として、地域の青年農業者や農村女性グループなどと「雲仙こぶ高菜再生プロジェクトチーム」を組織し、自家採種から生産・加工・販売まで一貫した地域活性化のための取り組みを進めている。

２００２年に、岩崎さんは、自らの圃場に自生化した雲仙こぶ高菜を発見したことを契機として、地域の在来品種である雲仙こぶ高菜の栽培を再び始めることにした。

雲仙こぶ高菜は、長崎県雲仙市内にあった種苗店の店主が中国からもち帰ったものを選抜・育成し、普及を図った比較的新しい高菜の在来品種である。葉が広く、茎の下部に親指くらいのこぶができる珍しい高菜で、食感・食味ともに良く、高度経済成長期の前半までは、雲仙市などで盛んに栽培され、地域の食文化において多く消費されてきた。しかし、高度成長期以降、農業においても生産性が重視されるようになり、より収量の高い品種に切り替えられた。また、育成者であった店主の死去により、雲仙こぶ高菜は絶滅の危機に瀕していた。

２００４年に、雲仙市や農協、普及センター等関係機関の支援により、岩崎さんが代表となり、青年農業者グループや漬物などへの加工・販売を行う雲仙市内の農村女性グループの守山女性部加工組合などからなる「雲仙こぶ高菜再生プロジェクトチーム」が組織され、復活に向けた取り組みが本格化した。雲仙こぶ高菜の種子については、岩崎さんがプロジェクトチームのメンバーに供給してきた。取り組みを進めるうちに、亡くなった店主の妻が種を残していることがわかり、その種を元に、原種の特徴を知る岩崎さんが、さらに選別と採種を続け、原種の形質が復活するに至っている。

２００８年には、「雲仙こぶ高菜再生プロジェクトチーム」を発展的に再編し、生産者自らの自家採種と有機栽培に地方品種を守り育む「雲仙市伝統野菜を守り育む会」を発足させ、在来品種を地域活性化の核として位置付け、組織化などを図り、伝統的な利用法に加えて新たな利用法や商品開発を行い、加工・直売などを組み込んだ高付加価値化に向けた取り組みを進めている。

第7章　品種か産地か―長野県在来ソバ品種〝奈川在来〟の葛藤―

はじめに

ソバの栽培が盛んな長野県には、本章でとりあげる奈川在来をはじめ、戸隠在来、開田在来、番所在来、須賀川在来など多くの在来品種がある。しかし、ソバは、自分の花の花粉では受精・結実できず、昆虫によって運ばれる他の花の花粉と受粉し結実する自家不和合性の他殖性植物であるため、他の品種が近くで栽培されていると品種間で容易に交じり合ってしまい、一度交じってしまうと固有の特性を失ってしまう（大澤、２００３）。長野県の場合、県の奨励品種である「信濃１号」が多く栽培されており、優良な品種の導入がソバの在来品種の存続に致命的な打撃を与えかねない状況にある。

本章では、２００５年４月１日に松本市と合併した旧南安曇郡奈川村のソバ在来品種、奈川在来を事例に、合併後、奈川在来をブランド化していく動きのなかで、どのように在来品種としての特性を保持し、栽培面積を増やしてきたかについて紹介したい。

1. 奈川地区と奈川在来の概要

松本市奈川地区（旧南安曇郡奈川村）は、長野県西部に位置し、岐阜県高山地方と接する。乗鞍岳をはじめ四方を山に囲まれ、県境にある野麦峠付近を源とする梓川の支流奈川に沿った標高1、000m前後の中山間地にある。面積は約118㎢、人口およそ1、000人、地区の約94％を山林が占めるこの地区に、小さな集落が点在している。飛騨高山と松本平を結ぶ野麦街道と木曽へ抜ける木曽街道が地区内を通っており、信州最奥の村のように考えられるが、古来より街道の通過地として重要な役を果たしてきた。

地区内にわずかに拓かれた畑には、ソバや野菜がおもに栽培され、水稲の栽培は少ない。冷涼な気候のもとで穫れるソバは、評判がよく、昔からソバの産地として知られている。また、保平という集落では、根色がペラルゴニン系アントシアニンによる紅色をした〝保平蕪〟と言うカブの在来品種が古くから栽培されている。

奈川在来は、奈川地区において古くから栽培されているソバ在来品種である。晩生で、一般に〝秋ソバ〟と呼ばれる秋型の生態型（品種群）に分類される。子実は、長野県で最も栽培されている信濃1号に比べると、やや小粒であるといった特徴をもち、ソバ栽培期間中の最低気温の日平均が13℃以下になる冷涼な高冷地でも生育が良い。この地区では、毎年7月中旬に播種し、10月中下旬に収穫する。ふつう二毛作は行わないので、生育期間をいっぱいに使って栽培される。

食べ方としては、そば切りの他に、そば粉だけを使ったそばおやきが奈川の特産で、かつては囲炉裏端でネギ味噌やエゴマを餡にしたそばおやきが焼かれ、毎日のように食べられていた。

奈川在来の栽培現況

1995年に165戸あったソバ生産者は、2005年に105戸まで減少した。栽培面積は、2004年で14haであった。ソバ栽培者の高齢化が進行し、栽培を辞めた畑は、遊休荒廃地になるケースがほとんどである。実際に栽培しているのは、高齢者婦人たちであり、自家消費用に作っていた伝統的栽培の延長ではなく、収穫した全量を集落内のそば屋へ納入している。近年、イノシシによる獣害の被害も深刻化しており、2005年に栽培されたソバ畑は、その後の獣害によって全滅し、収穫に至らなかった。

次項で述べる「奈川そば振興組合」の活動が開始される２００５年までは、県の奨励品種である信濃１号を栽培する農家が増える一方、奈川在来を栽培する人は減少傾向にあった。このため、両品種を近い距離で栽培している所では、かなりの高い確立で交雑が進んでいたと考えられる。その後、振興組合では、ソバの二期作の検討を開始し、２００６年より、夏ソバの栽培を始めた。夏ソバには、信濃夏ソバの他、北海道で育種されたキタワセソバを導入して試験を行った。その結果、２００５年には、栽培面積が20 ha（夏ソバ１ha）に増え、２００６年は、36 ha（夏ソバ５ha）、そして２００７年は、40 ha（夏ソバ８ha）の栽培を計画した。

「奈川そば振興組合」の結成とブランド化

２００５年４月に松本市に編入合併し、新松本市となった奈川地区は、従来からの地域資源を生かした活性化への取り組みに加え、特産物である「そば」をブランド化し、地区の農業および観光振興目的とした地域興しに乗りだした。

２００６年度には、県のコモンズ創出支援事業を活用し、同年３月に奈川そば振興組合（以下、振興組合）が設立された。組合には、奈川地区内の民宿、旅館経営者、ソバ生産者、ＪＡあずみ、松本市など約20の団体が連携し、約１７０人が参加している。振興組合は、生産部会、利用者部会、機械化部会の３つの組織からなり、それぞれの活動に対してＪＡあづみと松本市がバックアップをしている。

振興組合は、「奈川らしさ」と「奈川の強み」を活かした奈川そばのブランド化を戦略として打ち出している。そこには、①先人より伝承されてきた、当地の気候・風土にあった身近な農作物「奈川そば」を、観光の柱（起爆剤）にする。②遊休地・遊休放牧地を解消し、二期作の導入等、土地の有効活用を図る。③健康志向等消費者ニーズに対応する、高品質の農産物を生産する。④家庭を守る女性や、農業等を学ぶ学生と交流を図り奈川地区の農業に活力（若者の就労場所の確保）を入れたい、等の項目がうたわれている。

しかし、機械化の導入による栽培面積の増大が図られ、行政側の地産地消の意識、すなわち、外からの視点によるブランド化になる恐れもある。

奈川在来の種子生産

振興組合としては、現時点では、「奈川そば」のブランド化を目指しているが、奈川在来の復活も同時に着手している。奈川在来の栽培現況で述べたが、他品種の導入により、すでにかなりの交雑が進んでいたと予想される。松本農業改良普及センターでは、この点をあらかじめ考慮し、奈川在来を復活させる際には、中信農業試験場に相談し、奈川地区の奈川在来栽培農家からの種子を増殖するのではなく、試験場で収集・保存していた3系統のほんの一握りの種子を奈川地区で隔離増殖することから始めた。翌2005年、試験場にてさらに隔離栽培を行い、2006年には、松本市の今井地区（標高700m）で、リンゴ畑に囲まれる約10aの畑で放任受粉による種子増殖を行い、100kg近くの種子を得た。その内の70kgは、2007年に奈川地区での栽培に使用し、1haの栽培を計画した。

今後の採種は、危険分散のために、奈川と今井の2カ所で実施していく方針だ。当面、充分な種子が生産されたら地区内での生産量を増やすが、農家による採種を行う予定はなく、普及センターによって計画、実行される。初期の増殖の際に、試験場による形質の特定によって、奈川在来としての形質が同定されているが、その意味では、奈川在来を栽培する農家が、試験場側からの種子提供を受けることによって、住民にとって奈川在来の意味はなにか明確ではなくなってしまう可能性も考えられる。

2. 奈川ソバから見えてきた品種の考え方

奈川在来の種子管理システム

これまで見てきたように、奈川在来の種子管理は、中信農業試験場および松本農業改良普及センターの手によって、3年かけて、徐々に種子を増殖させ、本格的栽培にこぎ着けた。

ソバの品種を厳密に維持していくためには、原々種圃や原種圃での増殖を行っていく必要があり、他殖性のソバは、原原種や原種を維持するのに神経を使わなければならないということだ。奈川在来の特性を維持していくためには、奨励品種のようにまでとは言わないまでも、徹底した隔離と集団の個体数を最低でも100―200個体以上確保することが必要であり（Namai, 1986, 1990）、きっちりとした採種体制を築いていかなければならない。現時点では、栽培農家の参加はなされていないが、将来的には振興組合に依託するような形になるかもしれない。

ソバは、カブやダイコンのように親株の形質による選抜ができないため、選抜した種子が実って初めて選抜が可能になる。また選抜しても花粉親を特定するには袋かけや人工授粉を行う必要がある。この過程を農家が行うことは非常に困難であると考えられる。

品種より産地か?

奈川在来を北海道で作る場合もブランドは奈川となる。一方で、奈川で作られたソバは品種にかかわらず「奈川そば」となる。先述した振興組合の「奈川そば」の活動内容を見ると、奈川在来を前面に出すというよりは、奈川で作ったソバをブランド化していこうという意図が伺える。品種よりも産地を重視した戦略なのか。奈川地区に伝わる在来品種は、長い時間をかけて作られてきた文化財的存在でもある。奈川在来を、その特性をしっかり維持して次世代へ伝えることが、今、奈川でソバ栽培に携わる者たちの役目であり、その取り組みが、奈川をソバの産地としてさらに高めていくことになるだろう。

エピソード4

長崎県在来柑橘「ゆうこう」にみる「農家が蒔きたい種」の多層性と多声性

（網野善久（名古屋大学大学院国際開発研究科博士前期課程修了））

はじめに

「農家の蒔きたい「種」」と言ったとき、この文が特定の味・香り・形などの形質をもった特定の品種の「種」、というように事物そのものを意味しているとして読むことができる。しかし、たとえ同じ品種であっても、それが異なる目的や意図のもとに眺められたとき、1つの品種が異なる「蒔きたい〈種〉」になりえるのではないだろうか。言い換えると、眺める人によって同一の事物をどのように資源化するべきであるのかが異なるのである。そしてそれゆえに、何のための〈種〉であるべきなのかをめぐって、人々の間に交渉・議論の余地が生じる。以上から、⑴事物そのもののレベル、⑵人の眼差しのレベル、⑶人々相互での交渉・議論空間のレベル、の3層が考えられる。ここでは、長崎県在来柑橘「ゆうこう」に関して、3つ目のレベルに着目することを通して、新しい鍵となる言葉を導入して言説を操作することで、資源化のさまざまなあり方を生み出し提示する人々を紹介する。

長崎県在来香酸系柑橘「ゆうこう」とその位置づけについて

ゆうこうは香酸系柑橘の一種であり、２００１年に域内のK氏によって再発見されたと言われている。２００４年に新品種と判明し、２００８年にはスローフード協会の味の箱舟への登録と商標登録がなされた。長崎市内では、大きく分けて3地区でその栽培が行われている。それぞれの地区のゆうこう生産振興会により、どのようにゆうこうと自分たちの役割とを描き出すかに違いがあった。

より生産中心主義的な言説で語るN地区は、「付加価値を生む伝統野菜（果樹であるが長崎市では伝統野菜に分類されている）を売ることによって、在来品種の種子の減少と農村の疲弊を解決しよう。そのためには、われわれは果樹の専門家として、苗木を管理し質・量ともにきちっとしたものを作ろう。」と語る。すなわち、ゆうこうとは「付加価値を生む伝統野菜」であり、N地区の役割は「専門家として管理を行う」ことである。

また、よりポスト生産中心主義的な言説で語るD地区は、「先人の残した宝ものが絶滅の危機に瀕しているから苗木を利用してゆうこうを守り育てよう」と語る。すなわち、ゆうこうとは「先人の残した宝物」である。宝物が危機に瀕するのは一大事とばかりに、D地区が「苗木を利用して守り育てる」役割を買って出ている。

一方でS地区では、「先人の残した宝もの」「付加価値を生む伝統野菜」に相当する地区ならではの統一された定義の提出には至っておらず、また、「絶滅の危機に瀕する」や「果樹の専門家の欠如」に相当する課題の把握と自己の役割にも曖昧さがあった。では、S地区内部ではどのようにゆうこうが語られているのであろうか。

地区内部における「ゆうこう」に対する複数の語りとその統合

S地区においては、生産中心主義的な言説とポスト生産中心主義的な言説とが、「棲み分け」または「地域全体で」というキーワードにより再編成され、異なる新しい語りを作り出していた。H氏とT氏に着目することを通してこの点を紹介したい。

H氏へは二度インタビューをさせていただいた。一度目のインタビューにおいては、ゆうこうは無農薬で自然に近い状態で育てるものであり、また、「特産品になると、これまで表面化せずに使っていた人が使いにくくなる」ことを警戒し、誰にでも使えるように維持していかねばならないと語られていた。このように、自然な状態のゆうこうを保護し多くの人に普及するという視点から、生産中心主義的な考え方を批判していた。しかし、二度目のインタビューにおいては、自らの立場を換えることはしていないながらも、第一にそのような取り組みだけでは「農家が経済的にやっていけない」、第二に特産品にしていこうとする行政の「意気込み」には評価できる点もあるがゆえに、それらの立場と自分の立場を「区分け」し、それぞれで取り組んでいくべきであることが主張される。さらに、「お店が一軒あるよりも、何軒もあった方が、お客さんも来るし、一軒よりも二軒の方が、栄えるんです。だから、そういうことを考えてね。」というたとえ話を使って「棲み分け」のもたらす利点を説明する。このように、「ゆうこうの定義」が必ずしも1つである必要はなく、2つの立場が「棲み分け」ることによって共存可能になる条件が、語りのレベルにおいて準備されていた。

一方でT氏は、第一に「棲み分け」が現実的に不可能であり、第二に「棲み分け」によってS地区が1つにまとまる可能性が失われる危険性がある点を指摘し、第三に、むしろ「地域全体で」やることがブランド化の道であると示すことによって、異なる立場が統合しうる道を示唆していた。第一の点に対しては、理由は単純で、「技術のある人はいくらでも穂木を取れる」からである。第二の点に対して、自ら見学に訪れた高知県のU村がいかに「連帯感」をもっているかを引き合いに出すことにより、「棲み分け」によって地区が「ばらばら」になれば取り組みそのものが挫折することを危惧していた。同時に、D地区の「地域全体にゆうこうを広める」という考え方を賞賛する。第三の点について、S地区の隣接市にある原口みかんをたとえに出し、「原口さんもさ、パテントば取らんでね、特許ば取らんで、誰にでも分けてやっとる」にもかかわらずブランド化していることを指摘する。このように、T氏は「地域全体」というキーワードを使うことにより、N地区のような地域の産業振興という目的と、D地区のように誰でも利用できるよう地域にゆうこうを広めるという方法とを組み合わせ、2つの立場を融合させた語りを展開していた。

S地区の表皮に凹凸のある「ゆうこう」の実

N地区の表皮がなめらかな「ゆうこう」の実

まとめと課題

ある意味典型的といえる言説を利用したN地区・D地区に対して、S地区は新たな視点を導入することによって違ったあり方を模索しているといえる。なぜ違ったあり方を模索することができているのだろうか。仮説的ではあるが、どのように対象を定義し、その定義をもとにどのように対象を扱うのが適切であるのかをめぐった言説の空間において、多くの異なる見解が活発に議論を交わしているからではなかろうか。今後はそのような多声的な言説空間の成立条件を考察する必要があると思われる。

第4部　奪われる種子と守られる種子
今後に向けて

コミュニティ共有型農業をキーワードに世界がつながる

ここまで日本やヨーロッパの事情を紹介してきた。しかしながら、急速な農業の近代化・工業化によって、自分たちの作りたい品種、蒔きたいタネが使えなくなっていることは、開発途上国の農家にとってこそより大きな問題である。日々の糧を、自家採種を続けてきた在来品種に頼っている農家にとって、自分たちの種子が使えなくなることは、生活の持続性・安定性を根底から覆すことになりかねない。

第8章では、途上国で何が起こっているかを主にアフリカの国々の事例から紹介する。本書の結論部分にもなる第9章では、カナダに取材し、先進国の組織や農家が開発途上国の組織や農家と連帯している事例をそのしくみに注目しながら紹介する。種子が多様な関係者によって守られている事実に注目していきたい。

第8章　途上国における農村開発と種子

本章では、途上国の農家が、自分たちの使いたい種子を使えるシステムについて考えたい。世界各国から事例を紹介するが、サハラ以南アフリカ諸国は、世界の貧困地域と比べても、特に深刻な貧困状態にあると言われており、アフリカにおける農村開発が注目されていることから、事例の多くはアフリカから採用したい。

1. 開発と種子をめぐる関係

25年ぶりに農業を特集した世界銀行の2008年版世界開発報告は次のようなアプローチに重点を置いている。すなわち、農業産品の商品市場の機能を改善し、農家を中心とした生産者の金融サービスへのアクセスを改善し無保険のリスクを削減すること、科学技術を通じて革新を促進すること、農業をより持続可能にするとともに環境サービスの提供者にすることなどである。部分的には、個々の農家が貧困から抜け出すには何が必要かという議論がなされているが、大部分が経済的貧困の議論であり、貧困の多面的な側面には充分には触れられていない。さらに、農家の（世界）市場への参入を重視しているが、その過程における生産者や消費者の主体性や人間と自然環境との調和を農家がどのように考えているかを理解しようとする姿勢はほとんど見られず、農家が育て作り続けている地域に存在する品種のタネへの配慮は見当たらない。市場経済の拡大のなかに農業をどう活用するか、またグローバルな環境保全の観点に途上国の農業や農家をどう位置づけるかという、主に先進国企業からの視点が農業の役割の再認識の根拠となっている。

アフリカ農業の工業化・商業化

ここで、技術移転・市場経済導入推進型の外発的な農村開発の例を著者たち自身の見聞から紹介したい。まず、最近注目を浴びている輸出向け花卉産業である。ケニアが最も有名であるが、エチオピアにおいても、国際競争力をもつ有力な産業とされている。バラを中心に多くの花が日本にも輸入されている。エチオピアでは、ジンバブエから移動してきた白人によるものなど、アフリカのなかで投資しやすい環境を求める白人経営によるもの

エチオピアのバラ生産工場のなか（農薬・肥料を加えたドリップ灌漑を完全自動で行っている）

を含め、多くの農場が次々と開設されている。エチオピア政府は、国際空港周辺の農村への投資を促進し、農村地域における雇用の確保と外貨獲得とを同時に満たす開発として積極的に企業を誘致している。しかしながら、これらの農場（というよりは、工場）に働く住民は、彼ら自身の食料生産活動からは隔離され、得られる現金収入は非熟練労働者として貧困ライン以下にとどまっている。また、穀物栽培に適した肥沃な土地にはそのような工場的栽培は導入しないという政府見解が示されているにもかかわらず、実際には輸送に便利な地域においては、農民は自分たちの耕す土地を手放すことを余儀なくされている。このような花卉産業は、環境に対する影響もまだ充分に評価されておらず、貧困と飢餓に対する戦略としては疑問が残る。

もう1つの事例として一村一品運動がある。近年わが国はODA資金を用いた一村一品運動の概念および手法の輸出に積極的に取り組んでいる。一村一品運動は大分県において、国の農業・農村振興政策に必ずしも同調しない地域が、独自の資源認識や都市との連携を通じて、地域資源を生かした開発を実施した運動である。農村における所得機会の増大および多様化のために、政府がインフラ整備、技術開発や市場情報整備の支援を行うことは手段として重要であり、日本の経験を踏まえた技術協力として、特にアフリカにおいて地方分権化の実質化等に資することが期待されるが、途上国に移転される際には、輸出産品開発・中小企業振興と同義となってしまう落とし穴があることを忘れてはならない。ガーナのシアバターや南部アフリカにおけるジャトロファ（油を採る作物）などが注目されているが、地域の作物の多様性や栽培の持続性を意識したプロジェクトは多くはない。地域資源を認識し、活用することができる人材育成を行う運動としての側面が忘れ去られ、農村企業・農産品加工による経済発展を目指すプロジェクトまたは政治的スローガンとしての利用・補助金行政の拡大に用いられることがある。

メキシコにみる緑の革命の反省

緑の革命に使用されたトウモロコシの品種は、メキシコにある国際コムギ・トウモロコシ改良センターで育種された系統が主体となっている。しかしながら、研究のおひざもとのメキシコでは、緑の革命に使用された品種が必ずしも受け入れられないという状況に直面して、センター自身が農家の意識調査を実施している。

その結果、農家は、土壌への適合性、干ばつへの耐性、風への耐性、投入への反応性、雑草防除および施肥の時期への感受性および収量の6点をトウモロコシの品種選択の重要項目として挙げている（Bellon and Taylor, 1993）。どのような品種を選んでもこれらすべての規準に対して高い評価を与えることができず、したがって農民は多くの品種を栽培することになる。特に土壌条件の悪い地域では、在来品種が栽培され、このような行為を通じて遺伝資源が近代農業技術にアクセスできる地域でも自発的に保全されている。さらに、近くで改良品種が栽培されることによって、トウモロコシの栽培種の進化の過程が現在もメキシコの農民の圃場で起こっているわけである。

ブラッシュ(Brush, 1995）は、メキシコを含む3つの事例の分析から、近代的な農民が在来品種を栽培し続けていることを実証し、在来品種の栽培地における保全には原始的な

オクラだけでも数品種作っているブルキナファソの一般農家

農業を保存する必要があるとする議論は誤解であることを示している。具体的に、自発的な在来作物品種遺伝資源の保全が行われている条件を、農地が小さく分かれていること、農業に必ずしも適した自然条件ではないこと、ある程度経済が独立している地域であること、文化的なアイデンティティーが確立しており、農民が多様性を好むこととしている。

北米やヨーロッパのように均一性の高い農業生態系とは異なり、作物の栽培化が行われた地域の農業生態系は多様性に富んでおり、そのような環境が遺伝的多様性を保全する方向に働く可能性は大きく、少なくとも、当分の間は農民が多様な品種を作り続けることを助長するだろうと結論づけている。

戦乱後の品種復活を実現した国際機関とＮＧＯの連携

１９９０年代半ばに大規模な内戦、虐殺を経験したルワンダにおいては、難民となって一時的に国外に逃れた農民が故郷に戻ってきたときに自分たちが蒔く種がないという状況が起こった。着の身着のままで避難したわけであるから、将来自分の村に戻ったときに自分たちが育てようとする作物の種子をもって逃げることはかなわなかった。このような状況に対して、国際農業研究機関であるコロンビアの熱帯農業研究センターを中心に国際農業研究機関が協力して、ジーンバンクで域外保全されていたもともとルワンダで栽培されていた多くの作物の種子を、豆類を中心に提供した。少量提供された種子を、隣国ウガンダ政府の研究所で増殖して、ある程度農家に配布できる量になった時点で、ワールドビジョンなどの国際ＮＧＯが国境を越えて運び込み、帰還した難民に配布した。このときに、別々に管理されていた品種をわざわざ混ぜて農家に配布するという工夫が行われたことに注目したい。ルワンダの農民の多くが、自分たちで種子を取り保存して翌年に蒔く場合に行っている習慣を考慮したのである。このように、多くの品種を１つの畑に蒔くことによって、旱魃や病害虫による被害を最小限に抑える工夫が長年の農家の経験から蓄積されており、先進国が中心になって実施した援助においてそのような習慣を考慮した好例と考えられる。また、国際農業機関のジーンバンクは産業的な農業に育種素材を提供することを主たる目的としているが、戦乱で従来から農家が利用してきた遺伝資源が消失した地域の遺伝資源の復活にも寄与できることが示された事例でもある。

ケニアにおける消費者への啓発活動を通じた伝統野菜の復活

ケニアにおいては、経済発展および生活の西欧化に伴い、ヨーロッパから最近導入されたキャベツのような外来の野菜を食べることが「現代的」で、地域原産野菜の消費は「後進」または「貧困」のあらわれという考え方がひろがっていた。そのようななかで、国のジーンバンク、ナイロビ大学、農業省、国立博物館などが協力して、２１０種の地方品種野菜が人々に利用されてきたことを同定し、そのなかから24種の優先種を、利用価値が高い、特に栄養価、または栽培可能性ということで選択して、小規模農家によって野菜の種子生産システムを確立し、生産・貯蔵・配布をすることによって、生産の増大が図られた。並行して、調理方法の記録と広報も行っている。

近年、農村から都市への人口移動に伴い食生活が変化し、また都市に移ってきた人たちが地方、出身地域の文化と分断している、または野菜に関する関連知識が消失しているという批判のなかで、関係者が栽培のインセンティブを与えたときには、農家が伝統野菜の復興を実現できた例である。

この事業では、地域原産野菜が実は栄養価が高く、また栽培にも適していることを、ケニアにある国際農業研究機関や国立博物館が協力して科学的な知見として提供した。このような知見を、マスコミ等を通じて都市部の消費者に周知すること、また首都である大都市ナイロビのスーパーマーケットを含む流通・販売にかかわる企業の参画を得ることによって、これまでヨーロッパの野菜しか売られていなかったスーパーの売り場に地元原産の野菜が並ぶことになった。もともと、それぞれの出身地域・民族の食べていた野菜にはノスタルジーを感じていた地方出身の都市居住者にとっては、科学的知見に裏づけられた懐かしい野菜を自由に購入することができるようになり、新たに多くの農家が伝統野菜を栽培することができるようになったわけである。プロジェクト以前は、伝統野菜は特に販売できるものではなかったが、プロジェクトにすることによって生産者の収入向上につながって経済的効果が出ている。それよりも大きな効果は、特定の伝統野菜に関しては、貧困を連想させるため利用が抑制されていたものが、栄養価や生産性が高いことを教えられたときに、伝統野菜に肯定的な態度が形成され、それを通して自分自身の精神文化に対する誇りなどが体現されているということがある。研究機関や種苗会社だけでなく、食品の流通・販売会社やマスコミ関係者が関わることによって文化的遺産、伝統的ルーツの再確認によって地方品種の消費が拡大した事例である。

2. 参加型育種の実際と可能性

一般にジーンバンクなどに収集保存された野性植物を含む遺伝資源は、農業研究機関や企業の育種素材として利用され、高収量、特定の病害虫への抵抗性、広範囲の生態系への適応性および比較的狭い遺伝的多様性を特徴とする改良品種が育成される。これらの品種が、それぞれの導入対象地域で評価され、普及機関などを通じて農家に配布や販売される。新しい品種が導入される場合には多くの国において品種の登録がなされ、登録された品種以外の種子の商業的な売買は認められない。登録された品種は、各国において比較的条件の良い地域に導入され、大規模な農業経営のなかに取り入れられ、多投入型農業のパッケージの要素を構成する。これが、緑の革命などで達成された飛躍的な収量増加をもたらし、国家レベルの食糧安全保障の達成に貢献した遺伝資源利用のフォーマルなシステムの概要である。

一方で、これとは別のシステムを構築して、遺伝的な多様性を農民が利用する方法として参加型育種が提案されてきた。このシステムにおいては、主に生態的には多様性に富むが、農業的には条件が劣るとされる地域の農民が育種に直接参加し、自分たちが守ってきたタネやジーンバンクに保存されている品種を利用して、自分たちが利用したい品種を研究者とともに創り出していくことを目的としている。材料の選択、育種目標の決定、目的とする環境下での育種系統の選抜、選択系統の畑における評価、タネの増殖などすべてのステップにおいて、研究者／技術者と農家の協働の必要性が強調されている。

農家に受け入れられる品種とは

一般に、伝統的な中央集権化された試験場では、農業生態的に条件が良く、農業生産投入物の豊富な農業を対象として育種が行われ、国家レベルの食糧安全保障には一定程度の役割を果たしてきたものの、多くの農民が住む環境条件の良くない・投入物の少ない農業に適応し、かつ社会的、文化的、経済的、土壌的、生物的に著しく変化に富んだ地域の農民の育種ニーズには充分に応えることができなかった。その結果、農業試験場で育成された改良品種の農民による採択率は必ずしも高いものとはなっていなかった。

表2　公式の伝統的育種と農民による参加型育種の特色

	伝統的育種	農民参加型育種
育種方法	交雑／生物工学を含む多様な手法	原則的に選抜育種まれに交雑を含む
増　殖	圃場および組織培養等	原則的に農家圃場
多様性の源泉	世界中の品種／野性植物誘発された突然変異	農民同士の交換ジーンバンクからの導入
保全方法	生息地外中心ジーンバンク・植物園	生息地内中心栽培体系のなかに統合
分類等の知識	植物学中心利用面の知識は微少	伝統的知識に基づく分類利用における価値重視
創出品種	広範囲に適応する少数の均一な品種	各地域に適応する多数の多様性を内在する品種群
収　量	好条件下で高収量	比較的低いことが多い
育種に要する期間	10－20年	1回の選抜から栽培体系のなかでの継続的創出

出所：Cooper（1993）を基に筆者加筆。

参加型育種の1つの定義として、農民の育種／研究への積極的な参加に加えて、自らがもつ在来品種のタネを品種創りに利用することが含まれており、このようなプロセスを通じて地域の農家が創り上げてきた品種のもつ遺伝子の保全と利用が地域内で促進されることが期待される。

従来は育種家が育種の目標を設定したのに対して、参加型育種においては農民が育種の目標を決定または決定の過程に参加する。参加型育種の長所として、育種に要する期間が公式の育種と比較して極めて短い場合があること（選抜育種の場合）および育種材料提供源を過度にジーンバンクに依存することから脱却して、農民が自らの圃場で管理する可能性があることなどが挙げられる。

3. ブルキナファソで気づかされたこと

優良種子普及プロジェクト

ブルキナファソにおいては、国連食糧農業機関の協力によって優良種子の普及システムの概念が導入され、日本の国際協力機構（ＪＩＣＡ）もその生産と流通に関して支援をしている。政府は、農家の利用する種子をすべて改良品種に置き換え、さらにそれらの種子はすべて認証種子としようと考えていた。改良品種を利用しないのは農家・農民の知識・能力の不足であり、彼らの考え方を変えることが政府の役割だと農業省では考えている。このようななかでＪＩＣＡから派遣された専門家は、農家の必要や認識をもとに、どのような形で普及システムを構築するか試行錯誤を行っている。

具体的には、「優良種子生産体制の改善」「優良種子普及の有効な方策の確立」等を目標に掲げ、原種の安定的な供給から適切な種子生産、マーケティング能力の強化までを範囲とし、種子使用者である農家のニーズを生産に反映するしくみ作り、生産技術の強化を行うことを具体的なプロジェクト目的として設定している。また、普及に関しては、優良種子を使用した栽培展示等を通じて、農家が主体的に優良種子を導入することを促進し、それら一連の活動を優良種子普及ガイドラインとしてとりまとめようとしている。優良種子の普及のためには、最終的には一般農家が消費者のニーズを把握し、そのために必要な種子を選択・購入できるようになる必要がある。

「農家レベルでの優良種子の使用が増加すること」という目標はブルキナファソ側と日本側で共通している。しかしながら、そのためのアプローチが異なっている。日本側関係者は、農家に自分たちの判断で種子を購入してもらう必要があると考え、農家にはお金が無いことを前提に、種子を購入しても利益が上がるよう、消費者ニーズに対応した種子購入のしくみを作ることを重視している。ただし、収量性などの分析が比較的簡単な指標をもちこめる可能性の高い、おもに商品作物的色彩の強いササゲと、伝統知識に裏打ちされた選択基準の存在する可能性の高い主食作物のモロコシ、ミレットなどの種子では農家の購入判断基準が異なるため、この多様性にどう対応するかが課題であることも意識されている。さらに、たとえ良い品種を作っても、政府関係者が種子を優良だと宣伝しただけでは優良さが理解されにくい。優良種子普及を政策的に推進するブルキナファソにおいて、改良品種と在来品種の参加型評価を実施することによって、農家が作りたい品種とはどんなものかを明らかにし、政府による農家の選択の制限を緩和する試みもされている。ブルキナファソにおいては、カナダのNGOであるUSC－Canada（9章も参照）が村落レベルのシードバンク運営をしており、これにはエチオピアにおける生物多様性管理の経験も活かされている。

農民の品種・種子に関する認識やニーズの把握

農家が種子を採り続けることを止めさせるのがブルキナファソ政府の方針だが、これが本当に正しい認識かどうかを知っておく必要があると考え、筆者らは、2007年から2010年にかけて、同国の農業環境研究所が運営する圃場における品種の実証試験と農家圃場で農家自身が栽培を試行する試験を同時に行い、その経験を通じて農家の品種選択の認識の方法について外部者が知る可能性を追求してきた。耐乾性や早生性、収量が農家にとっての品種選択の主要な判断基準であるが、利用の多面性や食味・調理のしやすさ、他の作物との組み合わせの相性なども重要事項であることが明らかになっている。

農民が多く栽培している雑穀類の場合、一般に、

① イネやトウモロコシのような主要穀物の栽培が優勢な地域においても、農業慣

行・農耕儀礼・食生活文化との結びつきが強く独自の役割を果たしていること
② 在来性の高い品種群が各地に多く残されていること
③ 多目的利用が行われていること（粉食のみならず、酒類への利用や、稈や葉の飼料や燃料、建築資材としての利用など）
④ 貯蔵性に優れていること（穂のまま束ねて穀物倉などで貯蔵可能であり、救荒作物としても優れている）

などの特徴があることが指摘されている（阪本、１９８８）。特にモロコシはその茎葉も穀粒も飼料として優れており、多目的に利用されているため、必ずしも穀物としての収量性だけが注目されているわけではない。

乾季に農家の聞き取り調査をして、面白いことに気づいた。ある村では、普及員が良いと判断する品種を農家もよい品種として選ぶ傾向があり、かつ、すべてが改良品種となっており、別の村では、普及員が一部在来品種もいいと言っていると、農民も自由に自分たちがよいと判断する品種を選ぶことがわかった。普及員と農家との関係で、技師のほうが改良品種を導入しようという形でもってきている村の場合には、農家がそれに応えてしまう。そうでない村、農家には農家の考え方があるということを普及員が考えている村にお

農家からお話を伺う著者ら

いては、農家のほうもそれに呼応した形で、多様性を維持する形で品種を選択しているということがわかる。

ただ、畑に作物がない乾季の調査では農家の記憶に頼る部分が大きいので、もう少し詳しく見るために、実際に栽培期間中に、農家の人に品種名を伏せた形で、畑で気に入った品種の調査をもう一度試みた。その際に、播種直後、生長期、それから出穂期または開花期の3回同じ畑でやってみた結果、時間がたつにつれて、肥料をやっていない畑ではどちらかというと在来品種をよりよい品種だというふうに認識するようになっていった。でも、肥料をやっているところでは改良品種が選ばれてくるので、栽培の要件によって選ばれている品種が違うという、いわば常識的な結果が出た。

いろいろな考え方が農家にあると考えていた技師のいる村では、生物多様性保全を推進するジンバブエのNGOが活動を続けていた。多様性を維持するということがいいことだという考えのもとで、多様性を維持しながら農家の生計を向上しつつ、種子増産を図っていこうとするプロジェクトが実施されてきたことによって、農家の品種選択の自主性が強まっていることも想像される例である。

エピソード５

エチオピアにおけるコミュニティ・シードバンクとＥＯＳＡの取り組み

（福田聖子（名古屋大学大学院国際開発研究科博士前期課程））

エチオピアの自然は、５㎞単位で変化すると言われ、多様な気候と気温変化に適応する農業が必要な国である。公的機関であるエチオピア種子公社による種子供給量は圧倒的に不足しており、政府が認証する種子以外の重要性を高めている。しかしながら、農家が望む収量増加（改良品種の導入）と伝統品種の保存・管理の両立は難しく、多くの研究者は、新品種を導入して、収量を増加させることのみに集中しているように思われる。そこで、近年、優良種子の確保を通して、種子・食糧の安全保障と農業生物多様性の管理との両立を目指したミクロレベル事例として、ＵＳＣカナダ（国際ＮＧＯ）支援による現地ＮＧＯのエチオピア有機種子行動（Ethio-Organic Seed Action）（以下ＥＯＳＡ））によるコミュニティ・シードバンクを紹介したい。

エチオピアにおいてコミュニティ・シードバンクが設立されたのは、１９８０年代である。その後、国連の支援により国内13カ所でコミュニティ・シードバンクが立ち上げられた。そのうち6カ所をEOSAが引き継いでいる。たとえば、首都アディスアベバの東に位置するチェフェとエジェレ地域は特にコムギなどで遺伝子資源の多様性が国際的に認められているホットスポット地域であるため、国際機関等が対象のサイトを決める際に選ばれた地域である。しかし、両地域ともにコミュニティ・シードバンクが設立されたとき、すでに在来種コムギの95％がなくなっていたと言われている。原因としては、両コミュニティが農業研究所に比較的近いために研究所とのつながりが強く、新品種の入手が容易で農民は次々と新品種に切り替えたためと考えられる。

そのようななか、1988年、国のジーンバンクが採取した種子を地域の農家に戻す取り組みが行われた。活動開始当初は、ジーンバンクからもち出せる種子量が制限されていたため、わずか1つかみの種子から栽培が開始された。手のひら1杯しかなかった種子が、1年で10kg、2年で5,000kgに増殖された。最初は活動に反対する農家や参加しない農家もいたが、経済的な付加価値向上によって、現在までに順調に増産されている。家族単位での種子生産量としては十分であり、今後はビジネスとしての確立が課題となっている。

EOSAの役割と考え方

EOSAは1994年以降、農民と一緒に活動している。国際機関の支援によるプロジェクトは通常3年間で終了するが、プロジェクト終了後、EOSAが農民を支援し続けることで、より活動をスムーズに継続することができ、農民は次のステップへと進むことができる。このように、現地NGOであるEOSAの存在はコミュニティ・シードバンクの持続性を高めている。さらに、オランダのワーゲニンゲン大学、ノルウェーやカナダからの支援を受けて、将来的には12カ所のコミュニティ・シードバンクの運営を行う予定である。エチオピアにおける農業生物多様性の管理を支援し続ける組織として、今後もEOSAの果たす役割は大きいと考えられる。

現EOSAの代表者であり、国立ジーンバンクの元管理者は、「自然循環を促進するためにはオーガニック種子が一番であり、ハイブリッド種子は初期の投入が大きく、貧しい農家には向いていない。EOSAが対象としているのは貧しい農家であるため、失敗すればさらに貧しくなるハイブリッド種子はリスクが高い」と述べている。新品種の強制によって在来品種が消滅することは、農家の種子選択の自由がなくなり、病虫害発生時には、未来世代の食糧をも奪うことになり、ある種の「人権侵害」とも考えられている。

手前がコミュニティ・シードバンク，奥側にジーンバンクが併設されている。

農家からみたシードバンクの役割

農家はどのようにコミュニティ・シードバンクを認知しているのであろうか。コミュニティ・シードバンクを通して、11種類の作物を栽培している農家の考え方を紹介する。

多種多様な作物栽培は戦略であり、単一栽培と比較して、以下の利点が考えられる。第一に、1種類をたくさん育てるよりも、複数育てる方が労働力を分散できる。たとえば、同時に広い土地面積に対して、植え付け・収穫しなくてよい。第二に、市場価格の変動に対応できる。マーケットで1種類の価格が下がっても、他の作物を売って収入を得ることができるようになる。第三に、次の世代に残すべき土地を豊かにすることができる。輪作によって、土壌の肥沃度を維持し、次世代に健全な土地を継承できる。

このように、地域の多様性に合わせた多様な種子の存在が重要であり、単一なハイブリッド種子ではなく、その土地で生まれ、その土地の多様性に適合した品種を、その土地で保存し栽培し続ける必要がある。そのため、農家にとってはコミュニティレベルでのシードバンクの存在が必須であり、気候変動にも耐えうる多様性を考慮し、その年に栽培する種子を選択することが、重要な戦略であると考えられる。

4. アフリカから農業を見つめなおす

末原（2004）は、農業を経済・社会学的解釈から、食物を商品として生産し販売する農業と、土地に根差し、風土のなかで育まれ、その土地の人々の胃袋を満たし、生命を育む農業とに分けている。農村開発を行う場合も、多様な人々が生活する自律的なコミュニティとしての農村を対象とする視点と、食料供給・農政・市場動向によって都市生活・国家・世界というさまざまなレベルで相対的に位置づけられる農業生産地域としての農村をみる視点があろう。

もちろん、もはや自給自足の農業はほとんど存在しないし、実際多くの開発途上国における農産物輸入は増加している。しかしながら、単純な「遅れた地域の農業」への「近代的技術の導入」「市場へのアクセス提供」とは異なる開発援助の可能性があると考えられる。グローバリゼーションへの統合度は著しく異なるかもしれないが、わが国の農村地域も都市との関係性の空間のなかで理解される部分と、土地固有の開発戦略との間に長らく引き裂かれてきた経験をもっている（Kitano, 2000）。交換価値を追求する販売するための農業の制度や論理が、使用価値に根差した生きるための農業の制度や論理を崩壊に導くのであれば本末転倒である（末原、２００４）。

１９８０年代以降多くの農業開発関係者が、アフリカの多様な農業を固有の文化として捉え、その価値を見出そうという議論を積み上げてきている。重田（１９９４）は、このような世界観は、地域外の科学者と地域の住民の相互的な交渉を通じて初めて相互に意識化され、具体的なものとして浮かび上がってきたと評価する。しかしながら、同時に、農業における近代化の推進と、在来作物や混作技術などの伝統農業は単位面積当たりの収量が高いという評価はその目的が単位収量／生産性の向上を共通の目的としている点であくまでも近代化の論理に準じているという議論もしている。言いかえると、農民の技術に肯定的な評価をしようとしたことは大きな意義を持つが、結局は西洋近代化の論理から逃れられなかったという点で必ずしも対象地域の農業をそれに携わる人々の視点で理解したとはいえないわけである。支援する側のより一層のキャパシティ（状況の把握および解決能力）開発が必要であろう。

第9章　種子と食の主権確立とその世界的連帯を目指して

著者らは、冒頭で紹介したムーニー氏が活動の拠点としているカナダを２００８年９月と２００９年12月に訪問し、カナダ政府機関、研究機関、ＮＧＯなど各団体・組織の視察およびキーパーソンへの聞き取り調査を実施した。この最終章では、その現地での調査結果をベースに、カナダのさまざまな組織が、種子と食の地域における自給と主権確立をキーワードにどのように地球規模で考え、活動しているかについて描写し、環境保全と食料安全保障を創造する運動の発展と世界的な連帯の方向性を見出すこととしたい。

1.　政策提言型市民組織

政策提言型の市民グループとして、まず、ムーニー氏が中心に活動している組織であるＥＴＣ（Action Group on Erosion, Technology and Concentration）グループについてまとめる。

歴史と概要

ＥＴＣグループは、１９７７年にムーニー氏たちが種子に関する啓蒙運動を始めたことに起源をもつ。１９７８年に前身となるＲＡＦＩ（Rural Advancement Foundation International）が設立されたが、主たる活動分野は農業生物多様性、知的所有権、コミュニティの知識に関しての社会活動、研究、教育であった。その後１９８０年代の新しいバイオテクノロジーの出現により、より広い生物多様性の問題を扱うようになった。１９９０年代には生命体に関する財産権の侵害（Biopiracy）や自殺遺伝子（ターミネータ種子）（Terminator）に対する啓発活動を行ってきた。いわゆる自殺遺伝子とは、モンサント社が開発した技術で、作物品種の種子がモンサント社の中にあるうちは正常に発芽するが、いったん種子が農家に売られ、その種子をまいて育てた作物から農家が採種を行ってもその種子自体に組み込まれた発芽能力をなくさせる遺伝子などの形質が発現し死んでしまうものである。したがって、農家は毎年必ずモンサントから種子を買うことになり、農家の自主性が制限されることになる。

そして、2001年に現在のETCグループへと名前を変え、最近の研究・活動としては合成生物学（Synthetic Biology）と地球工学（Geoengineering）に焦点を当てている。

理念と戦略

組織の理念・理想として、「文化・生態系の多様性と人権の保全と持続的な前進」を掲げている。また、〈浸食〉（Erosion）という言葉の意味を「遺伝資源や種・生態系のことだけでなく、文化・知識・人権」をも含むと解釈し、現在「生物の多様性もそれに対する生態系特異的な理解も失いつつある」としている。技術には「バイオテクノロジー、ナノテクノロジー、情報科学、脳神経科学」を含み、「社会的ガバナンスがないとこのような技術は貧困層を飲み込む津波と化す」としている。そして「世界規模で少数の企業・政府によって市場や技術開発がコントロールされている」ことを明らかにしている。そして、これら3つに対応するうえで、弾力性・復元性（Resilience）と抵抗性（Resistance）という概念の重要性を主張している。

この目的のために、貧困層や周縁の人々に役立つ社会的に責任ある科学技術の発展を支援し、また、国際的なガバナンスと企業の権力も扱っている。また、公正で持続的な農民を基礎にしたフードシステムの支援を行うことで、文化・生物多様性を保護し、食に関する人々の主権確立と人権を促進することを目指している。

運営の概要と事業の事例

年間の予算規模はここ数年70万ドルから90万ドルぐらいで、民間の財団からの収入が多いが、2006年にはカナダ国際開発庁の事業も受託しており、政府機関との関係も維持していることがわかる。ETCグループの強みは科学技術に関する情報（特に遺伝資源、バイオテクノロジーや生物多様性）の研究と分析、新しい科学技術の社会経済的な派生形（socioeconomic ramifications）に関する戦略的オプションを開発することと主張している。そして、ETCはグローバルまたは（国際的に）リージョナルに働き、草の根・コミュニティ・国家レベルの仕事は行わないとしている。コミュニティ・国家・地域のCSO（Civil Society Organmizations）との関係構築を支援するが、直接的な資金援助を行ってはいない。ETCグループは国連社会経済理事会、国連食糧農業機関、国連貿易開発会議そして生物多様性条約事務局等の国際機関に対して意見等をのべることができる（consultative）立場を持っている。

重要な活動の1つである自殺遺伝子（種子）追放キャンペーン（Ban Terminator）は、開発途上国、先進国双方の先住民族、生物多様性問題、中間技術、農民組織等の問題に取り組む多様な民間組織などとともに、国家・国際レベルで終了遺伝子技術利用の政府による禁止を促進することを目的としており、その過程で市民社会、農民、先住民、社会運動を支援してきている。具体的には、GRAIN、Indigenous Peoples Council on Biocolonialism、ITDG（Intermediate Technology Development Group）、Pesticide Action Network、Third World Network、Via Campesinaなどの組織と協力している。1999年に2大農業化学企業であるモンサントとシンジェンタがターミネーター技術を利用しないことを明らかにし、自殺遺伝子の利用はなくなったと多くの人が考えたが、いまだに使っている国家、企業が存在しており、現在のETCグループの活動の根拠となっている。

農民の権利を政策へ導く

作物遺伝資源に農民の所有権を主張した初期の思想家であるムーニー氏は、その後、活動を遺伝子組み換えや自殺遺伝子などの先進技術を利用した農民の権利や力の剥奪の告発とそれらの緩和への政策提言へと変化させているが、その基本には彼が若い時期に訪れた途上国農民の惨状を何とかしたいという思いが貫かれていると考えられる。その思想を具体的な活動に結びつけるシステムとして、ＥＴＣグループがカナダ国内外の政府、国際機関、ＮＧＯとの連携を構築していることは、活動の効果と継続性の重要な要素であろう。

2. 国際開発シンクタンク

カナダの国際開発を支えるシンクタンクの国際開発研究カウンシル（ＩＤＲＣ＝International Development Research Council）オフィスを首都のオタワに訪ねた。対応してくれたヴェルノイ氏はＩＤＲＣの農村貧困と環境プログラムを担当しており、『与える種子＝参加型植物育種』の著者でもある（Vernooy, 2003）。

歴史・理念と戦略

ＩＤＲＣは、途上国開発のための研究を支援する機関であり、カナダの連邦法に基づいて設立された国営企業である。カナダ国際開発庁（ＣＩＤＡ（Canadian International Development Agency））がより実践的な分野、たとえば民間部門の発展、衣食住などの人間の基本的必要や人道支援に焦点をしぼっているのに対して、ＩＤＲＣは研究調査に焦点を絞っている。

設立根拠法には、ＩＤＲＣの目的は「途上地域の諸問題に対する研究と、それらの地域の経済的・社会的進展のために科学・技術・その他の知識を適応・応用する手段に対する研究を、開始、奨励し支援し実行する」こととされている。そして、その目的を実行するために４つの手段を取ることにしている。

（１）カナダと諸外国の自然・社会科学者、技術者の協力を求めること、

（２）途上国が自身の問題を解決する上で必要な研究能力・刷新的技術・制度を整える支援をすること、

（３）国際開発研究のコーディネイションをすること、

（４）途上国・先進国双方の利益のために開発問題の研究の協力を促進すること。

これらの活動を通して、途上国が自国の問題を解決する上で必要となる科学的知見や知識を使いやすいようにすることを目指している。

１９９０年代に入り、ＩＤＲＣはビジョンを見直し、地域問題解決のための地域研究を中心に行うこととし、そのために知識を通したエンパワーメントを戦略として掲げた。

2005年に発表された新戦略では、

（1）途上国の研究能力の強化と支援。研究分野としては、環境・自然資源管理、情報・コミュニケーションに関する科学技術、イノベーションと政策と科学、社会・経済政策等、

（2）研究結果の生産・普及・適応の涵養と支援、

（3）カナダの資源を利用すること。

を活動の3つの柱としている。

運営の概要と事業の事例

IDRCの組織は、21名から成る理事会によって運営されている。21名のうち、理事長・副理事長を含む11人はカナダ人であるが、その他の10人のうち、8人は途上国から就任している。

農業生物多様性に関連した事業として、2000年から2004年まで生物多様性の持続可能な利用プログラムを実施してきた。生物多様性の利用に関してローカルレベルでの管理システムとグローバルレベルでの政策との間の関連に焦点を当てることを目的として

いる。具体的には、多様なステークホルダー間での衡平なアクセスと利益分配を達成しながら生物多様性が保全される条件を理解することを目的としていた。特に、生物多様性のなかで遺伝資源に焦点を当てており、

（1）ローカルコミュニティの知識や実践を利用・維持・促進すること、

（2）知的所有権の文脈においてローカルコミュニティの権利や遺伝資源へのアクセスと利益配分を認識した政策・法律のためのモデル作りを支援すること、

（3）生息地内での保全や管理へのコミュニティの参加を促進しジェンダーに配慮したインセンティブ設計を開発すること、

などの活動を行ってきた。

遺伝資源プロジェクトの位置づけの変化

２００４年の組織の戦略変更に伴い、現在ＩＤＲＣにおける遺伝資源関連のプロジェクトは、農村貧困及び環境（Rural Poverty and Environment：ＲＰＥ）プログラムのなかで扱われている。現在も、基本的にはローカルレベルと国家・国際レベルでの遺伝資源へのアクセスと利益配分の矛盾に関する研究を行っている。なぜこのような戦略の変更が行わ

れたのかは聞き取りからは明らかにされなかったが、政府の政策変更が影響していることは示唆された。また、研究機関としては、国際開発研究のトレンドに沿った研究をすることも求められており。遺伝資源関連の研究の重要性は現場の研究者が理解していても、それをテーマに研究を続けることは困難なようであった。

3. 種子安全保障に協力するNGO

ETCグループ訪問の際、アドボカシーに傾斜しているETCと異なり、種子関連のプロジェクトを実際に海外で実施するNGOとしてUSC（Unitarian Service Committee）カナダを紹介され、代表のスーザン・ウォルシュ氏および組織の主要事業である生存のための種子（SoS）プログラムの科学アドバイザーであるテショメ氏をそのオタワ本部事務所に訪ねた。

歴史・理念と戦略

USCカナダは、1945年にアメリカUSCのカナダ部門として設立されたカナダ初の国際NGOである。1948年にUSCカナダとして独立し、戦後の復興支援を行っていた。今日では以下の3点に焦点をおいて活動を行っている。
（1）SoS（Seeds of Survival：生存のための種子）プログラムを通した長期の食糧安全保障の促進、
（2）障害をもつ若者への職業訓練、
（3）地域組織の支援。
USCの活動は、「すべての人のための平等・正義・平和・尊厳」を根本の思想としている。その他に「3つのRの開発」を原則としている。ここにおいて、開発とは「コミュニティや社会の創造への自由な参加」を意味する。3つのRとは、「権利（Rights）、弾力性・復元力（Resilience）、尊敬・配慮（Respect）」である。組織の使命（Mission）として「貧困削減、市民社会の強化」を、組織の理想（Vision）として「社会正義、ジェンダー、相互扶助、地域資源・知識」などの促進を挙げている。農業の家族経営、農村コミュニティ、健全な生態系の促進をめざし、生物多様性、食に関する主権の確立、弾力性・復元力のある食料システムの中心にいる女性、先住民、小農の権利を強化するような事業に力を入れている。

運営の概要と事業の事例

財政的には近年の2004年から2008年、いずれもカナダ国際開発庁からの歳入が6～7割を占めることから、カナダ政府との関係重視をしていることが伺える。一般市民からの寄付等も歳入の約2割を占めている。現在はスタッフが17名おり、代表のスーザン・ウォルシュをはじめとする6名のマネジメントチーム、各国の駐在員から構成されている。

USCの中心的な活動であるSoSアプローチは、1989年から行われており、農民の知識・実践を重視し外部からの投入の必要性を制限し、農民と科学者や政府との協働を促進する支援方法である。その目的は、

（1）食・生活の持続に不可欠な資源を失うことなくそれらを安定化すること、

（2）作物の多様性を促進すること、

の2点である。

また、実践にあたって4つのカギとなる考え方は、

（1）農民は豊富な知識をもった生産者である、

（2）伝統的な地域の作物品種は栄養的にも環境への適応にも外部から投入された品種よりすぐれている、

（3）農民は地域の専門家であり農学者として生産性を高める重要な働きをする、

（4）利用と選抜を通した保全が不可欠である、

である。また、ＳｏＳアプローチのプログラムには7つの重要な要素があり、そのなかには、関係者間の対話の促進、コミュニティ・シードバンクの設立、農民自身による種子供給システムの強化などが含まれる。また、農業を商品化した現在のフードシステムに変わり農民の自己決定権（control）を保証することを意識している。

農民を中心とした種子プロジェクトの展開

ＵＳＣカナダの本部オフィスには、種子事業の専門家が雇用されており、プロジェクトの立案、資金獲得プロポーザルの作成、プロジェクトマネジメントを特に技術的視点からサポートしている。たとえば、エチオピアにおけるＳｏＳプログラムは１９８８年から２００２年まで行われ、ＵＳＣと「エピソード5」で紹介したＥＯＳＡ（Ethio-Organic Seed Action）と生物多様性保全研究所（Institute of Biodiversity Conservation）との連携のもと実施された。このプログラムには、地球環境基金からの資金援助もあった。プログラムの目的は小農の資源管理能力を強化すること、コミュニティによる種子ネットワークを強化すること、地域の市場を通して農民と産業とのつながりを築くこと、そして、有機農業を促進することであった。USCのホームページによると、プログラムの成果として、たとえば、品種の保全だけでなく、地元の食品産業との連携を築くことができたことをマーケティングの成功として挙げている。一方、EOSAは成功の要因として、多様なステークホルダー（農民、科学者、産業、政府）の参加、地域資源の活用と適正な技術、農民の知識に根ざしたボトムアップアプローチを挙げており、マーケティングは今後の課題として挙げている。USCとEOSAとは2006年に「生存のための種子から弾力性・復元力としての種子へ：種子および食糧主権国際集会」をエチオピアで開催している。

ブルキナファソにおいても現地NGOと協力して同様の活動を行っている。インタビュー時に、著者らが、ブルキナファソにおいて国際協力機構のプロジェクト研究で実施している農民参加型品種選択において改良品種を選択肢として導入する方法について説明を始めると、「それは参加型とは言わない。すべてを農民のイニシアティブで行うことが参加型である。」という発言で妨げられた。USCのすべてのスタッフが非常に狭い意味での品種保全を考えているわけではないだろうが、このようなやや極端なアプローチを内包しているという意味でNGOの特色を強くもっていることが示されたのかもしれない。

4. カナダ国民と途上国を食糧援助でむすぶ市民組織

穀倉地帯であるマニトバ州へ移動した著者らは、カナダの食糧援助を政府と協力して実施しているNGOフードグレインズバンク（Canadian Foodgrains Bank）の政策担当ロビ氏たちを、その本部事務所に訪ねた。

歴史・理念と戦略

フードグレインズバンクの歴史は、1920年代にロシア革命に伴う食糧不足を支援するために設立されたMCC（Mennonite Central Committee）にさかのぼる。1983年にMCCを基にして、他の教会機関とともにフードグレインズバンクが設立された。今日では15の教会機関がメンバーとなっており、フードグレインズバンクはドナーから資金や食料を集め、メンバーやその協力機関の行うプロジェクトに資金・食料を提供しており、主たる業務を資金調達・配分と政策提言機関として機能している。

組織のビジョンとして、「飢えのない世界」の実現を掲げている。そのための使命として、

（1）カナダ人の当該分野への関与を増やし深めること、
（2）短期・長期いずれにおいてもパートナーシップとその活動を支援すること、
（3）政策に影響を与え変化を促すこと、

としている。

食料への権利、平等、奉仕心などのキリスト教としての価値観を重視しており、メンバーはそれに従うことを要求している。組織の具体的な目的として、

（1）緊急または持続的な食料へのアクセスの増加、
（2）食糧安全保障の強化、
（3）国際的そしてカナダ国内の公共政策と行動の強化、
（4）カナダ人の当該分野への意識の醸成、

を掲げている。

運営の概要と事業の事例

収入の多くはカナダ国際開発庁から得ており、２００８年の場合は65％近くを占めている。メンバー等からの現金による寄付、穀物による現物寄付もそれぞれ15％程度を占めて

いる。２００７年にカナダ国際開発庁との2千万ドルのマッチンググラント（自分たちが集めた金額に応じて政府が一定の額を提供するシステム）の5年契約を結び、また、２００８年には過去最多の８４０万ドルの寄付を集めた。スタッフは代表のコーネリアス氏（元カナダ国際開発庁）のもと、約35人が働いている。

２００９年現在、フードグレインズバンクは、主に

（１）食糧援助（80％）、

（２）種子の配布（５％）、

（３）食糧安全保障（５％）、

（４）栄養改善（Complementary Nutrition Activities）（10％）

の４つの領域で活動を行っている。

種子配布の究極的な目的も、長期的な食糧安全保障を高めることにあり、もし土地などの他の投入がそろっているならば、種子の配布は食料生産の修復・再構築をする上でとても費用対効果のよい方法、とされている。

一方で公共政策への関与もしており、その例としては、カナダ食糧安全政策グループでの活動が挙げられる。この政策グループはＥＴＣグループやケア・カナダ等の16のＮＧＯ

から構成され、カナダの援助資金を途上国の小規模農業のためにいかに有効に利用するか、ということについて活動を行っている。2008年には「回復性への道筋：小規模農家と農業の未来」というレポートを発表している。持続的で弾力的・修復力のあるコミュニティベースの農業を行うことの重要性を説いており、そのために農民の知識や生物多様性の利用の必要性を主張している。また、政府開発援助において、農業分野への資金援助割合が減少している点を批判している。

また、「プロジェクトは技《わざ》（art）であって科学（science）ではない」という認識をもちつつも、「学習する組織」としてプロジェクトに関わる地元のパートナー、フードグレインズバンクのメンバー、フードグレインズバンクのスタッフの役割やプロジェクトのプロポーザル・進行方針を結果重視のマネジメント方針の下に統一している。

途上国農家は食の主権確立をともに担う協働者

聞き取りのなかで知らされた注目すべき活動として、カナダ農民の途上国への視察派遣がある。援助先の農家がどのような生活をしているかを寄付者たちに見せる活動は日本のNGOも多くが実施しているが、フードグレインズバンクは、支援するカナダの農家に、農家同士として途上国の農家と連帯を感じることができるプログラムを実施している。このような活動を通じて、途上国の農家を、安価な農産物をカナダに輸出する可能性のある競争相手としてではなく、急速なグローバリゼーションのなかで、食糧安全保障や食の主権確立をともに担う協働者としての認識を促している。また、近年のカナダ政府の食糧援助のアンタイド化にも支持を表明している。（タイド（tied）＝援助資金による物資や役務の調達先が援助供与国など一定の国に限定されること。タイド・アンタイドの問題は援助の際によく話題となる論争点であり、アンタイド（untied）とは調達先の制限がないことである。）

5. コミュニティ共有型農業（Community Shared Agriculture：ＣＳＡ）の事例

最後に、カナダ国内の農業を改革していく運動の1つとして、コミュニティ共有型農業について事例から紹介する。ちなみに、アメリカでは同様の地域農場をコミュニティ支援型農業（Community Supported Agriculture）と呼んで生産者と消費者が協働している。ただ、この用語では、支援というニュアンスが強いため、カナダでこのような活動に関与する生産者、消費者は双方向性、多くの関係者の関与、地域の空間的広がりを意識して、

Community Shared Agricultureの名前を用いている。もちろん、アメリカのＣＳＡも生産に伴うリスクと収穫の両方を生産者と農家が共有することが基本であることは変わらないし、また究極的にはＡＳＣ（Agriculture Supported Community）、農業に支えられたコミュニティ建設をも目指されており、社会システムの改革運動とも理解できる。これらの言葉が選ばれた時に、「農場」ではなく「農業」という言葉が重視されたことからも、営みに重点を置いていることがわかる。また、これら北米の運動の原点の１つは日本の「提携」であることも指摘されている。詳しく知りたい方は、エリザベス・ヘンダーソン、ロビン・ヴァン・エン『ＣＳＡ地域支援型農業の可能性　アメリカ版地産地消の成果』家の光協会を参照してほしい。

マニトバ州のウイニペグ市郊外にあるウエンズ共有農場（Wiens Shared Farm）の代表者ウエン氏からお話を聞いた。

歴史と概要

ウエン氏によると、農業を支援するつもりで１９８６年にアフリカへ行ったが、そこで、住んでいる人たちによる社会的・生態学的にバランスのとれた生活や、農業を通じた人の輪があることに気づかされた。それを見た時に、食料に対する態度や、その手に入れ方に関して開発されることが必要なのはむしろ北アメリカに住んでいる人々のほうであると実感し、帰国して有機農業を始めることにした。有機農業の開始2年後、持続的な方法であると思っていた従来の農法（conventional agriculture）は実は経済的・社会的には目指していたものから遠いことを実感することになった。当時の農産物価格の低さから、多くの農家は政府に対して支援等を求め抗議をしていたが、このような問題は政府によって解決する問題ではなく、それはむしろ社会のシステムの問題であり、生産者や消費者の考え方ややり方を変える必要があると考えた。多様な問題の中で、大きなものとして農地と食卓の距離の遠さがあることから、地域での生産と消費が重要であると考えられる。農家と都市生活者の間に多くの仲介者がいること、農家は都市生活者を理解しておらず、都市生活者は農家を理解していないことが問題である。その解決方法は政府からの新しい支援ではなく、都市生活者と農家との距離を縮めること、農家と農家が作った作物を食べる人の距離を縮めることであると考え、知り合いの農家仲間・友人・都市生活者と話し合いをもった結果、１９９２年にウエンズ・コミュニティ共有型農場が設立され、２００人の都市生活者が参加した。

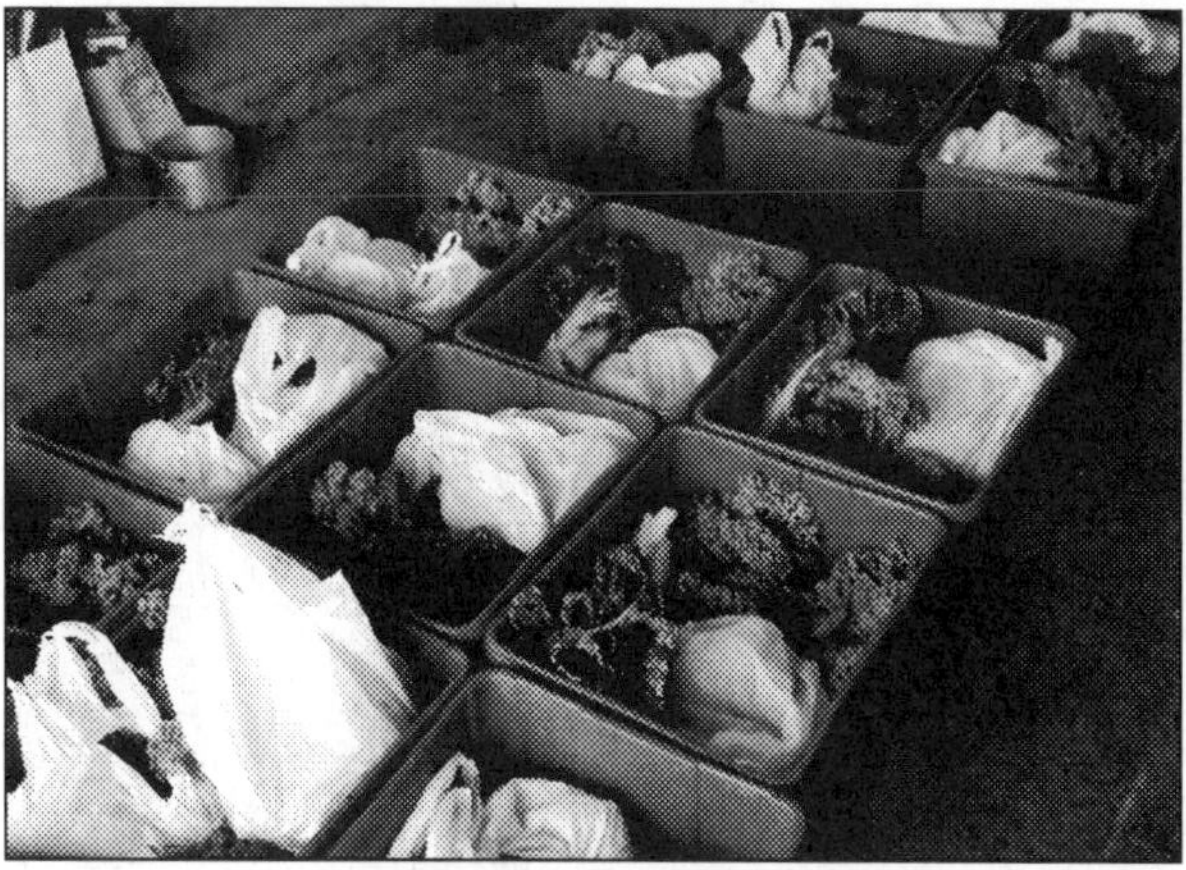

農場で市民への配布を待つ野菜のボックス

理念と戦略

農産物の販売を〝販売の形での分配（selling shares)〟と表現している。これは農作物を売るだけでなく、農業のリスクをも売ることを意味する。この活動は1つの農家ではなく、グループで農業の問題点をも共有することを意味している。

ただし、日本の有機農産物がそうであるように、都市側・消費者がCSAに参加する1番の理由は、おいしい野菜が食べられること、2番目の理由は化学薬品を使わない野菜であること、その次に重要なのが、地元の経済と農家を支援すること、となっており、リスクの共有などは必ずしも完全に実現しているわけではない。

コミュニティ共有型農業を推進する人々のもつ理念・ビジョンは多様であるが、公約数をまとめてみると「現代の工業化されたフードシステムでは、人は自分の食べる食料がどこで作られ、どのように加工されているのかをほとんど知らない。それ故、都市部で生活し食料が作られる現場へのアクセスが限られている人と食料が作られている場所とをつなげることが必要。」のように表現されている（Belik, Vivian, 2008)。冬場はメンバーに配布される野菜の供給量が減少するが、問題点は季節自体ではない。むしろ欲しいものが何でも欲しい時に手に入る、という人の態度が問題であるとの考えで多くのＣＳＡは運営されている。

組織の概要と事業の事例

夏の間中、毎週火曜と木曜の週2日、収穫物を配達することになっている。町では、コミュニティのコーディネーターやボランティアが分配を手伝っており、農場は逆に堆肥の材料をもらうので地域内での「閉鎖系ができあがっている」と考えられている。

そのようななかで、活動を広げる努力がされてきている。２０００年には“West Broadway Good Food Club”が設立された。このクラブは２００から４００人の新しい移住者・シングルマザーなどの都市部の低所得者から成る。メンバーは、毎週決まった曜日に農地へ行き、農作業を行うことの見返りとして、必要な野菜を供給されるしくみも作り上げている。低所得者の栄養改善を通じて、社会への参画を促している。

食料安全保障を地球規模で考え、地域で実践する

ウエン氏は、「生存に不可欠なものを作っているのにもかかわらず、農家だけが経済の不安定さの荒波のなかに取り残されてきた。農家は消耗品になっていた。教師が子どもにものを教え、育てて（nurturing）経済から取り残されることがないように、農家も土づくりやよい食料を作って（nurturing）取り残されることがないようにするべきである。」と主張している。また、都市近郊では土地代が高いのがＣＳＡの障壁になっているとも説明された。

ウエン氏は、マニトバ市近郊で農場を経営すると同時に、北朝鮮や途上国の食料問題にも直接・間接に関与しており、食料の主権確立の視点から地球規模の活動も行っており、まさに地球規模で考え、地域で実践しているといえる。ウエン氏の農場設立に関わったメンバーの１人は、現在、恵庭市でＣＳＡの運動を行っている。

6. 種子および食料自給および主権確立と環境の弾力性・回復性を促進する諸団体の可能性

本章で紹介したかった内容は、「はじめに」でも述べたように、ムーニー氏の思想がどのようにカナダのさまざまな食と農に関わる人々、特に開発途上国の種子や農業開発に興味をもっている組織や人々に共有されているのかということであった。実際にカナダを訪れて関係者と話をしていて明らかになったことは、それが政府関係者であれ、NGOや農家団体であれ、開発途上国の農業・農村の問題に触れて、カナダおよび先進国の食料生産・消費システムに疑問を覚えた人々が、具体的な活動内容・方法、対象地域は異なるものの、ネットワークや個別案件の契約関係を通じて互いに密接な連携をしていることである。

カナダにおいては、国際開発庁のような政府機関が、NGOなどの異なる立場の組織・人間とともに開発援助の実施を行っている縦の連帯と、先進国と開発途上国という地理的・経済的に生活の場所が異なるが、人間の生存に不可欠な食料の生産者としての横の連帯との2つの異なる位相での協働が関係者に同時に意識され、実践されていることが具体的に垣間見られた。

さらに、食の主権を考えるときに単純に食料生産と消費だけを考えることは十分ではないことが認識されていることもわかった。食料の安全保障には種子の自給または所有を中心とした安全保障が必要であり、最近まではカナダ政府もこの方針に従って援助を展開してきた。これは、わが国の有機農業の運動などにも共通している考え方であるが、基本的に作物の品種はそれぞれの地域の農家によって作られ、種子が供給され、土地にあった作物群を形成して地域の生活文化を作り上げていくことが農業の持続性である（中島、２００６）。津野（１９９１）はその著書『小農本論―だれが地球を守ったか―』のなかで、「風土品種が生産者と消費者をつなぐ」「現在の奨励品種は風土適応性の考え方が片隅に追いやられている」と述べている。カナダの援助関係者から、直接このような発言は聞かれなかったが、種子や食の主権確立、修復性や抵抗性という農業および農業に従事しうる人々、農業に依存する人々の生活・生命の持続性を目指す活動のなかには共通する思想が存在すると考えられよう。現在も、援助の実施や研究に現場で関わっている人々の認識は共通していると考えられる。

農業の産業化をさらに進めようとする国際政治的背景などのもとで、カナダの援助の中身も最近変わってきており、種子の自給や品種の多様性を保全する事業は単体としては存在しなくなっている。またNGOも研究機関も、資金獲得のためにはその時代の援助のトレンドを追いかけざるを得ない。農業開発援助の実践のなかで、自家採種や地域での採種、地産地消などの考え方は活かされているが、政府開発援助の大きな課題からはそのような単語は見当たらなくなっている。しかしながら、長年にわたって共通・共有している概念として、種子と食料の自給および主権問題と環境の弾力性・回復力の概念の親和性がある。このような、カナダにおける概念の共有およびその具体的な連携メカニズムをさらに詳しく明らかにし、農民と消費者の主体性を確立する新しい協力のあり方を模索することが、途上国のみならず、先進国における農業・農村の持続性を考える上で重要であると考えられる。

おわりに

緑の革命のように、近代的育種で育成した品種を、灌漑技術および肥料などと組み合わせて生産性を高めるような開発に用いるために遺伝資源を保全する考え方と、農家自身が地域に適した品種を管理・育成し、自分の種子を採り続けようとする考え方との違いは、開発そのものをどのように考えるかという議論を整理することによっても理解できる。

工業化による経済開発が開発の普遍的な手段であると考えられていた時代には、科学技術の後進地域への移転と広域的な適用が最重要視され、持続可能性を担保するのに地元組織・制度・知識の利用は必ずしも高い必要性を認識されなかった。現在も、途上国の為政者が優良種子の普及を取り入れる時には、種子を通じて近代化を推し進めようというメッセージを農家に届けることが意図されていることが多く、先進国の企業や援助がこの動きを助長している。地域特有の地方品種などは、生産性が低く、農家が一刻も早く改良品種を導入することが期待されているわけである。

その一方では、地域の自然社会に依拠し、かつ社会・文化までを含めた開発を行おうとする人々も増えている。その枠組みでは、開発が実行されるためには、できるだけ多様な関係者の参加が行われるべきであり、このような参加・参画を通じて形成、実施された開発ほどその持続性が担保されると考えられる。

同時にヨーロッパでは、必ずしも地域にこだわらない古くから作られてきた品種の種子の価値化が進められてきている。有機およびバイオダイナミック種子やその生産物の利用者は、改良されたコムギ品種ではなく旧来の品種をかたくなに使い続けるスイスのパン屋の例のように、伝統品種（traditional variety）や昔品種（old variety）と呼ばれる旧来の品種の良き理解者といえる。というのも、ヨーロッパの農業先進国、特にオランダでは、その土地で昔から作られてきた、いわゆる地方品種（local variety）のほとんどが、すでに消失してしまっているからである。昔から栽培されてきた地域とは関係なく、昔の味や形を懐かしみ、主に個人の趣味の園芸家レベルで栽培が復活した品種は、地方品種とは区別して、伝統品種や昔品種と呼ばれている。

商業的な栽培に不向きな在来品種や伝統品種を支えるには、個人レベルで細々と栽培するだけではなく、筆者らが報告してきた小規模種苗会社や市民組織による採種と流通が必要である。今後、食料・農業からみた持続可能な社会の形成のためには、生産性・効率追求だけではない、農業本来の性質である人間と植物の関係性を助長するような種子生産・配布システムの存続が不可欠である。また、作物遺伝資源保全の観点からも、地方在来品種の消失が著しい場所において、多様な種子生産システムが特に重要である。

各国内における種苗法、育成者権保護の整備は、主に大規模な商業的農業の発展を念頭に置いており、小規模に作付けされ、使用される種子量の限られている品種の市場での流通を妨げている。この状況は、農家の経営の選択肢を狭めるだけではなく、伝統的な農業においては、農家や地域が保全してきた貴重な遺伝資源の消失を招くことにもなる。

生物多様性条約では、特許権を含む知的所有権が、途上国が遺伝資源の利用技術の円滑な取得の機会を与えられ移転を受けることに影響を及ぼす可能性があることを踏まえ、そのような知的所有権が条約の目的の助長かつ反しないことを確保するために国内法等にしたがって協力することが促されている（16条）。他方では、前文や8条において、伝統的な生活様式を有する多くの先住民の社会及び地域社会が生物資源に緊密にかつ伝統的に依存していること、ならびに生物の多様性の保全およびその構成要素の持続可能な利用に関して、伝統的な知識、工夫および慣行の利用がもたらす利益を衡平に配分することが望ましいことを認識している。先進国に対してはそのバイオテクノロジー等への知的所有権の行使を認めつつ、開発途上国に対しては伝統社会に知的所有権の主張の可能性を残しているわけである。

このような世界的枠組みを理解することは必要である。生物多様性条約を通じてより衡平な利益の配分のシステムが構築されることも期待している。しかし著者たちがなによりもお伝えしたいのは、締約国会議のような、畑とはまったく離れた国際会議で議論し、戦っているのは品種の多様性や種子を見たこともないような政治家や外交官などの特殊な人々であり、多様性がどのように守られ、利用されているかをほとんど知らないことである。同時に、本書で紹介したとおり、日々の生活のなかで種子を守り利用している農家をはじめとした多様な関係者の自発的な営みに無数の人々が参画している事実もお伝えしたいと考えた。1人でも多くの人が種子の重要性に気づいて、種子が一部の国家や企業に占有されないように静かな行動を続けることが種子を守る最大の手段であると信じている。

本書の作成に当たっては多くの方にお世話になった。特に、著者たちの訪問や聞き取りに快く応じてくださった農家や各機関の方々のご好意なしにはさまざまな事例の具体的紹介は不可能であった。本書の各章は、筆者らが「久留米大学産業経済研究」「信州大学農学部紀要」「信州大学環境科学年報」に投稿した原稿を大幅に加筆修正したものである。当時の様子を知りたい方は、これらの雑誌も参照していただきたい。本文中に参考・引用させていただいた主な文献は巻末にまとめているが、新書としての読みやすさを考え、主要なものおよび特に直接引用させていただいたもののみを記載している。他にも多くの文献を参考にさせていただいたことにもこの場をかりて謝意を表したい。

付録として、原稿校正時点（２０１０年9月初旬）で、ＣＢＤ市民ネットワーク 人々とたねの未来作業部会が作成した、生物多様性条約締約国会議向けの提言書案を掲載させていただいている。現時点での日本の市民社会による種子（タネ）に関する問題意識や、かかわる人々の想いを示したものであり、最終版でないにもかかわらず掲載を許してくださった部会関係者（代表・木俣三樹男東京学芸大学教授）にも感謝したい。

本書で紹介した事例の調査には、科学研究費補助金・三井物産環境基金・（財）アサヒビール学術振興財団研究助成・国際協力機構プロジェクト研究費を使用させていただいている。カナダ調査には、筑波大学 松井健一氏、名古屋市立大学 香坂怜氏にも参加していただいている。

ただき、お二人の助言は第9章に生かされている。エピソードの記事を寄せてくれた3名（網野善久・大和田興・福田聖子）は、いずれも三井物産環境基金助成による「持続可能な地域開発のための農業生物多様性管理の組織制度構築に関する研究」に関わった学生である。

最後に、研究成果を学界だけではなく、このような形の読み物にして公開することに同意し、出版の機会を与え編集してくださった、創成社および西田徹氏にお礼申し上げたい。

２０１０年９月　根本氏とネパール種苗調査前夜

著者を代表して　西川芳昭

◉本書での用語の使い分けについて

「種子」と「タネ」

英語では“seed”の一語で表されるこの言葉も、日本語では「種子（しゅし）」、「種（たね）」、「たね」、「タネ」とさまざまな表記がある。本書では、「種子」と「タネ」の2つの用語を使用しているが、自然科学分野の学術用語としても使われている「種子」を基本的に用いている。ただし、聞き取り調査などで農家と会話する際、農家は自ら「種子」という用語を使わず、ほとんどの場合「タネ」と表現する。本書では、農家にとっての「種子」の意味合いが強い場合、「タネ」を用いた。

「在来品種」、「地方品種」、「伝統品種」

この3つの用語とも、古くからその地域で栽培され続けてきた品種のことであるが、それらを区別する明瞭な定義は示されておらず、使用者によってさまざまに使われているのが現状である。本書において、「地方品種」は、その品種が栽培されている地域はもとより、その品種の特徴と名前が地域外においても広く認識されている品種群を意味している。一方「在来品種」は、地域外では知られていなくても、集落内もしくは個人レベルで昔から自家採種を重ね、周辺で栽培されている品種と区別しうる特徴をもった品種も含み、地方品種よりもより広い意味合いで用いている。また、「伝統品種」は、たとえば京野菜や加賀野菜など、地方品種のなかでも特に市場や消費者を強く意識した品種および品種群に対して用いている。ただし、地方品種の多くをすでに失ってしまったヨーロッパにおける「伝統品種」の意味合いはこれとは異なり、元の地域ではすでに栽培されなくなってしまった地方品種を趣味の園芸家が小規模に栽培している場合に用いていて、昔品種とも呼ばれている。

【付 録】

生物文化多様性保全のための植物種子保存の重要性

概 要

植物のたね（種子および繁殖体を含む）は全ての生物のものであり、太古から自然と人類の祖先が育んできたもので、特定の個人や企業の商業的独占物、ましてや国家の所有物ではない。自然の生態系や農耕地で植物のたねが生息地保全されてこそ創造的、継続的な生物種の進化が保証され、生物多様性をより豊かに維持することができる。生物多様性条約においては生物を物質的に還元し、「遺伝資源 genetic resources」という経済的素材の側面を強調した表現を用いているが、植物は単なる資源物質ではない。資源という言葉の背景には、加工して財やサービスを生み出すという概念が含まれ、人々の生活の営みからの乖離を助長する表現である。したがって、条約の文言定義において、具体的に「種子 seedsなどあらゆる繁殖体を含む生命あるもの」と補足表現を追加すべきである。

日本には世界に誇るダイコン、カブ、ナス、ウリ、漬け菜類などの素晴らしい在来品種が数多くあるので、野菜の2次多様性センターといえる。これらの環境に適応したたねとその生物文化多様性に関する伝統的知識体系の継承は未来に向けた持続可能な平和社会づくりになくてはならないものである。農家や家庭菜園で自給する市民の自家採種（自らたねを播き、栽培し、再びたね採りを繰り返す）は人々の基本的生活基盤であるので、すべての植物のたねへの自由な関わりを将来にわたり保証すべきである。

全世界の市民は、生物多様性条約が環境倫理、生命倫理、次世代および開発途上国・地域に影響することに配慮し、人々とたねの未来のために地域的に市民種子銀行を創り、これらを国内外で広くネットワークして、協働すべきである。人々が暮らしに役立ててきた栽培植物の在来品種およびその種子保全の緊急性に対する認識そのものが希薄であるので、全ての生命の生物文化多様性保全を生涯学習、環境教育、平和教育、食農教育などにおける大切な課題として、これらの知識や技能を学び、広く普及啓発すべきである。

人々とたねの未来作業部会は、有機農業、自然農法、小規模農業、家族農業および市民農園などホームガーデンの自給的農耕者、シードセイバーほか環境NGO・NPO・CSO、生物多様性や国際開発の研究者などの多様な立場の〝たねを考える人々〟の集いであり、生物多様性条約第10回締約国会議（名古屋）に向けて、国内外の人々に〝たねの自由と未来〟に向けた提言を行う。

CBD市民ネット　人々とたねの未来作業部会　事務局

生物文化多様性保全のための植物種子保存の重要性（本文）

たねは生命の神秘を象徴する。そして、あらゆる地球上の生命の基盤であり、人々の生活の営みが畳み込まれた究極の贈り物である。今、たねの多様性とその未来は、取り返しがつかないほどの危機に瀕している。

『土壌、水、そして遺伝資源は農業と世界の食糧安全保障の基盤を構成している。これらのうち、最も理解されず、かつ最も低く評価されているのが植物遺伝資源である。それは、またわれわれの配慮と保護に依存している資源でもある。そして、おそらく最も危機にさらされている。』（ＦＡＯ：食糧・農業のための世界植物遺伝資源白書、１９９６）

『遺伝子の多様性は地球規模で低下しており、特に栽培種において際立っている。』（国連ミレニアム生態系評価、２００５）

『20世紀に農作物の遺伝的多様性の90％が喪失した。』（CIP-UPWARD, 2003）

人々とたねの未来作業部会は、有機農業、自然農法、小規模農業、家族農業および市民農園などホームガーデンの自給的農耕者、シードセイバーほか環境NGO・NPO・CSO、生物多様性や国際開発の研究者などの多様な立場の〝たねを考える人々〟の集いであり、生物多様性条約第10回締約国会議（名古屋）に向けて、国内外の人々に〝たねの自由と未来〟に向けた提言を行う。

植物のたねの重要性

生物多様性条約が対象とする多様性には、生態系のレベル、種のレベルに加えて種内の変異が含まれている。私たちの生活にとってもっとも身近な生物多様性は栽培植物や家畜の種内の変異であるにもかかわらず、このような変異（品種など）が生物多様性の重要な一部であるということはあまり認識されていない。遺伝資源の利用とその利益配分に関する国際政治の視点からの議論ばかりではなく、栽培植物の種内レベルの多様性として在来品種を育んできた地域農家の認識や直接利用価値の視点から論じることがより重要である。

植物は単なる資源物質ではなく、生命あるものであり、長い歴史を通じて生態系の中で自然選択を受けつつ進化を続け、生物群集、種、個体群および遺伝子レベルの生物多様性を蓄積してきた。また、栽培植物は近縁野生種と連続的に存在しており、自然選択に加えて農耕者による人為選択も受けており、地域固有の環境下で人々と栽培植物は長い時間をかけ適応し、豊かな生物文化多様性を支えてきた。しかし、栽培植物は近年の生産効率重視の農業が急速に広がる中で、ともに育んできた農や食の文化多様性とともに品種の多様性を衰退させている。植物のたね（種子および繁殖体を含む）は全ての生物の生命をつなぐものであり、太古から自然と人類の祖先が育んできたもので、特定の個人や企業の商業的独占物、ましてや条約が主権を認めている国家の所有物ではない。自然の生態系や農耕地で植物のたねが生息地保全されてこそ創造的、継続的な種の進化が保証され、生物多様性をより豊かに維持することができる。それゆえに、生物多様性と文化多様性を統合するたねの保全手法をとる必要がある。

人々とたねの未来のための提言

1. 国連は、生物多様性条約において生物を物質的に還元し、「遺伝資源 genetic resources」という加工して利用される価値を重視した経済的表現のみを用いており、具体的に生物的内容を示していないので、条約の文言定義において、具体的に「種子seedsなどあらゆる繁殖体を含む生命あるもの」と、補足表現を追加すべきである。

また、すべて等しく植物の重要さに鑑みて、特定の有用植物のみを遺伝資源として保全対象として表示すべきではない。

2. 各国政府は、地球環境の劣悪化および人口の激増により、今後、自然災害の発生と食糧の生産不足が予測されるので、グローバル市場に対応した食糧安全保障においてたねの保全・供給戦略を位置づけるべきである。生物多様性条約ではグローバルな視点からの主要な栽培植物種の保全および国家レベルの食糧安全保障に関してのみ述べているが、地域固有の環境に適応進化してきた有用な野生植物、生活文化に寄り添った栽培植物およびその在来品種が数多くあることを調査、認知し、その利用にあたり人々の主権を認めたうえで適切な保全策を講じるべきである。

3. 各国政府および農業関係団体は、生息域外で種子を保存する種子銀行はあくまでもバックアップであることを認識し、生息域内で継続的に栽培される中で自然選択と人為選択が起こっている農耕地でこそ栽培植物の種子保存をすべきである。しかしながら、穀物や換金作物を生産、販売する商業資本の進出で、地域の農耕地そのものが人々の手から奪われている現状もあり、農地政策と連関して種子保存のための施策を講ずるべきである。

たねは国家レベルの食糧安全保障のみではなく、地域・コミュニティおよび各戸レベルにおける食料主権を保証する重要な役割を持っている。しかし、先進国、途上国を問わず、生物多様性に関係する植物の新品種保護国際同盟等の国際的枠組みの普及により、各国内で人々の食料主権を侵害する知的財産保護法や改良品種の使用を強制する種子法の整備が行われることになった。これにより個別地域で適応してきた在来品種の自家採種による存続が阻害され、家族農家や先住民族および自給する市民の基本的生活基盤が脅かされている。長い歴史をもつ彼らの伝統的知識体系や農耕文化に尊敬の念をもち、地域における有用野生植物や在来品種のたねの持続的利用を認めるべきである。

4. 日本政府は、農業団体、環境団体および市民と協働して、農家や家庭菜園で自給する市民の自家採種は基本的生活基盤であるので、たねへの自由な関わりを将来にわたり保証すべきである。また、栽培植物の品種に関しては、生物多様性条約との比較において、多少なりとも多様性の守り手である農民の役割について明示的である食糧農業植物遺伝資源条約の批准を行うことを提言する。

さらに、新品種育成者の権利保障の在り方および種子供給の公正で新たなしくみを作り、種苗会社の種子製品には放射線照射、雄性不稔など育種方法の詳細表示を求めるように国内関係法令及び組織・制度を整備すべきである。

5. 全世界の市民は、生物多様性条約が環境倫理、生命倫理、次世代および開発途上国・地域に影響することに配慮し、人々とたねの未来のために地域的に市民種子銀行を創り、これらを国内外で広くネットワークして、協働すべきである。人々が暮らしに役立ててきた栽培植物の在来品種およびその種子保全の緊急性に対する認識そのものが希薄であるので、全ての生命の生物文化多様性保全を生涯学習、環境教育、平和教育、食農教育などにおける大切な課題として、これらの知識や技能を学び、広く普及啓発すべきである。

世界の現状

世界的に見ても、コムギ、イネ、トウモロコシ、これらに続いてジャガイモ、オオムギ、ダイズ、モロコシなど、主要な食糧穀物・イモ・マメ類の少数種はモノカルチャーによる商品作物として、広大な面積にそれらの改良品種が栽培されている。緑の革命は見方によれば穀物種子の生産増加を果たしたが、有家畜農耕で求められる植物体の茎葉を含むバイオマス生産から見ると、あるいは長期的に見れば、必ずしも成功事例ばかりではない。現代的農業技術が伝統的社会の土地所有制度など文化文脈に配慮することなく導入されたことが貧富の格差を増長し、地域社会を分断、持続可能性を著しく低めた事実は否めない。現代技術で改良した品種の導入は、多様性の豊かな地域において遺伝的侵蝕を引き起こして在来品種を駆逐した一方で、一部の先進国や企業によって収集された遺伝資源種子たねの独占、新品種の特許登録、遺伝子組み換え作物の問題など、統合的に考えねばならない課題が山積してきた。一方で、伝統的な自給的農業、家族農業、有機農法や自然農法など低投入持続型農業は未来に向けた伝統的知識体系を継承し、持続可能な社会づくりになくてはならないもので、再評価すべきである。まさに、たねは開発途上国の農村開発および人間開発に不可欠な要素である。このような再評価を実践している国際機関、NGO、市民団体等の活動は多く報告されており、遺伝資源の経済的側面を強調する国際的枠組みから、人々の生活を守るためにもより一層のネットワーク化が期待される。

日本の現状

日本は南北3000kmに及ぶ海に囲まれた細長い国土、火山や急流河川も多く、亜寒帯から亜熱帯にまで及ぶ各地方は多様な自然環境下にあり、その国土の約64%が山地で、森林面積の大方は人工林が占めており、第2次世界大戦後の拡大造林政策によって、スギ、ヒノキ、アカマツ、カラマツなど、限られた林木種だけがモノカルチャーのように植林され、治山治水による国土保全、林業の振興による山村活性化に失敗して、過疎高齢化等により日常生活を維持できない「限界集落」を増加させてきた。

平野でも広範囲に都市や工業地が広がり、農耕地は著しく減少してきた。優れた農耕技術を用いた少数品種による水田稲作モノカルチャーは皮肉なことに水田という特色ある農耕地生態系の生物多様性を脆弱にしてきた。農耕技術の高度化が多くの化学肥料や農薬に依存する水稲栽培システムを確立した一方で、過剰生産の調整のために減反政策を余儀なくされてきた。食糧自給が著しく低く、食料輸入に頼る政策をとりながら、不思議なことに都市生活者は莫大な食物残渣をごみとして捨てている。専業農業従事者は減少し続けて、農耕地も減少しているにもかかわらず、放棄農耕地は増加している。

近代農業が確立する以前、各地の環境に適合した在来品種が多数栽培されていた。しかし、水田稲作でも畑作でも農耕地の「構造改善」が進み、今日では少数栽培種の特定改良品種しか生産しなくなり、日本の農耕地生態系はあらゆる生物種に関して甚だしく多様性を失っている。日本で起源した栽培植物はワサビやフキなど片手で数えるほどしかないが、ダイコン、カブ、ナス、ウリ、漬け菜類などには世界に誇る素晴らしい在来品種が数多くあり、野菜の2次多様性センターであった。江戸時代には園芸文化が栄え、サクラ、ツバキ、サツキや変化アサガオなど花木や草花でも多数の品種が作出されている。遺伝学的にも民族植物学的にも、著しい変異を示す在来品種が多数存在し、四季折々の生活を豊かに支えていた。

在来品種のたねを大切にする篤農、家庭園芸家や地域の種苗店の努力にもかかわらず、人々とたねの未来に関わる目標がどの程度達成されたかを評価できるような具体的調査データおよび目標達成のための行政策が不十分である。生産効率を重視する稲作中心の農業、食糧市場のグローバル化の進行、少数栽培種の少数品種を公的に奨励し、今まであった地域の在来品種や農耕地生態系の生物多様性を衰退させてきた。これはイネばかりではなく、イモ、マメ、野菜など、あらゆる栽培植物に関して言えることである。小規模自給農家の自家採種の伝統を衰微させ、将来的に個別地域で適応進化する在来品種多様性の拡大可能性を閉ざしてしまった。たねを守り続けている地域の種苗店、篤農、家庭園芸家も「絶滅の危機」に瀕しており、栽培植物の多様性が人々と植物の持続的な関係性によってのみ保持されていることから、今を逃すと私たちは永遠に人類と共生進化してきた栽培植物のたねの多様性とともに祖先より継承してきた伝統的知恵も失うことになる。

CBD市民ネット　人々とたねの未来作業部会　事務局

参考・引用文献一覧

はじめに

ムーニー・パット『種子は誰のもの—地球の遺伝資源を考える—』八坂書房、１９７９年。

第1章

Brush, S. B. 1995, In situ conservation of landraces in centers of crop diversity. Crop Science Vol. 35, pp.346-354.

藤本文弘『生物多様性と農業　進化と育種、そして人間を地域からとらえる』農山漁村文化協会、１９９９年。

Hawkes, J. G. 1983, The diversity of crop plants, Harverd University Press.

河野和男『遺伝資源は誰のもの？　作物育種は誰のため？』新思索社、２００１年。

国連食糧農業機関『世界植物遺伝資源白書』１９９６年。

Maxted, N. Ford-Lloyd, B. V. and Hawkes, H. G. 1997, Plant genetic conservation -The *in situ* approach-, Chapman & Hall.

守田志郎『農業にとって進歩とは』農山漁村文化協会、１９７８年。

中尾佐助『栽培植物と農耕の起源』岩波書店、１９６６年。
Posey, D. A. and Dutfield, G. 1996 Beyond Intellectual Property, IDRC, p.303.
菅　洋『育種の原点　バイテク時代に問う』農山漁村文化協会、１９８７年。
菅　洋『稲―品種改良の系譜― ものと人間の文化史86』法政大学出版局、１９９８年。
Swaminathan, M.S., 'Key to Food Security in the Asia-Pacific Region' Speech at 37th assembly of Asia Productivity Organization Governing Body.（日本語訳　西川芳昭・西川小百合『農業生産性―アジア・太平洋地域における食料安全保障への鍵』国際農林業協力協会、１９９６年）
田中正武『栽培植物の起源』日本放送出版協会、１９７５年。
鶴見和子「内発的発展論の系譜」鶴見和子・川田侃編『内発的発展論』東京大学出版会、１９８９年、43－64ページ、。

第2章

Harlan, J. R. 1975 Crops and Man, Crop Science Society of America, p.295.

松尾孝嶺『改訂増補　育種学』養賢堂、１９７８年。

農林水産技術会議事務局『作物育種推進基本計画』１９９３年。

菅　洋『稲―品種改良の系譜― ものと人間の文化史86』法政大学出版局、１９９８年。

菅　洋『庄内における水稲民間育種の研究』農山漁村文化協会、１９９０年。

武田和義『植物遺伝育種学』裳華房、１９９３年。

ヴァヴィロフ・N・I『栽培植物発祥地の研究』（中村英司訳）八坂書房、１９８０年。

Zeven, A.C. 2000. Traditional maintenance breeding of landraces: 1. Data by crop, Euphytica 116 (1): 65-85.

第6章

西川芳昭『作物遺伝資源の農民参加型管理 ―経済開発から人間開発へ―』農山漁村文化協会、２００５年。

大井美知男『平成12年度赤根大根品種改良事業成果報告および平成13年度事業計画』信州大学農学部、２００１年。

大井美知男・神野幸洋『からい大根とあまい蕪のものがたり』長野日報社、２００２年。

農林水産省ホームページ　http://www.toukei.maff.go.jp/shityoson/map2/20/406/agriculture.html
清内路村役場ホームページ　http://www.seinaiji.jp/

第7章

Namai, H. 1986. Pollination Biology and seed multiplication method of buckwheat genetic resources. Proc. 3rd Intn. Symp. Buckwheat, Pulawy, Poland, pp.180-186.
Namai, H. 1990. Pollination Biology and reproductive ecology for improving genetics and breeding of common buckwheat, *Fagophyrum escrentum*, Fagophyrum, 10, pp.23-46.
大澤　良「日本のソバの多様性と品種分化」山口裕文・河瀬眞琴編『雑穀の自然史―その起源と文化を求めて―』北海道大学図書刊行会、２００３年、73－85ページ。

第8章

Bellon, M. R. and Taylor, J. E. 1993, Farmer soil taxonomy and technology adoption. Economic development and cultural change Vol. 41, pp.764-786.

Brush, S. B. 1995, In situ conservation of landraces in centers of crop diversity. Crop Science Vol. 35, pp.346-354.

Cooper, D. 1993, Plant genetic diversity and small farmers: Issues and options for IFAD. Technical issues in rural poverty alleviation-Staff working paper 13. International Fund for Agricultural Development

Kitano, Shu. 2000 Moving beyond Decline and Integration : Uneven Rural Development in Japan. PhD Dissertation. Cornell University.

阪本寧男『雑穀のきた道』日本放送協会、１９８８年。

重田眞義「科学者の発見と農民の論理―アフリカ農業のとらえかた」井上忠司・祖田　修・福井勝義編『文化の地平線』世界思想社、１９９４年、４５５－４７４ページ。

末原達郎『人間にとって農業とは何か』世界思想社、２００４年。

第9章

Belik, Vivian 2008 "Bringing the Farm to the Inner City: How One CSA is Improving Food Security in Winnipeg" Alternative Journal 2008.

Canadian Foodgrains Bank「回復性への道筋：小規模農家と農業の未来」(Pathway to Resilience:

Smallholder Farmers and The Future of Agriculture)、２００８年。

エリザベス・ヘンダーソン、ロビン・ヴァン・エン『ＣＳＡ地域支援型農業の可能性　アメリカ版地産地消の成果』家の光協会、２００８年。

中島紀一編『いのちと農の論理　地域に広がる有機農業』コモンズ、２００６年。

津野幸人『小農本論　―だれが地球を守ったか―』農山漁村文化協会、１９９１年。

Vernooy, Ronnie 2003 Sees that gave: participatory plant breeding, National Library of Canada, p.93.

《著者紹介》

西川芳昭（にしかわ・よしあき）

名古屋大学大学院国際開発研究科　農村・地域開発プログラム　教授。
1984年　京都大学農学部農林生物学科卒業（実験遺伝学）。
1990年　バーミンガム大学大学院公共政策研究科開発行政専攻修了。
農学博士（東京大学・国際環境経済論専攻）農業食料生物多様性管理・開発社会学・開発行政学専攻。
国際協力事業団（現国際協力機構），農林水産省，久留米大学等を経て現職。

主要著書

『地域文化開発論』九州大学出版会，2002年。
『作物遺伝資源の農民参加型管理』農山漁村文化協会，2005年。
『地域をつなぐ国際協力』創成社，2009年　他。

根本和洋（ねもと・かずひろ）

信州大学大学院農学研究科　機能性食料開発学専攻　助教。
1995年　信州大学大学院農学研究科園芸農学専攻修士課程修了。
1997年　岐阜大学連合大学院農学研究科博士課程中退。
1992～94年　ネパール農業省農業研究所（青年海外協力隊）。
2002～03年　オランダ・ワーゲニンゲン大学客員研究員。
研究分野：植物遺伝育種学，民族植物学。

（検印省略）

2010年10月20日　初版発行　　　略称一奪われる種子

奪われる種子・守られる種子
―食料・農業を支える生物多様性の未来―

著　者　西川芳昭・根本和洋
発行者　塚 田 尚 寛

発行所　東京都文京区
春日2－13－1　株式会社 創 成 社

電　話 03（3868）3867　ＦＡＸ 03（5802）6802
出版部 03（3868）3857　振　替 00150-9-191261
http://www.books-sosei.com

定価はカバーに表示してあります。

ISBN978-4-7944-5045-6 C0236
Printed in Japan

組版：でーた工房　印刷：平河工業社
製本：宮製本所
落丁・乱丁本はお取り替えいたします。

創成社新書・国際協力シリーズ刊行にあたって

グローバリゼーションが急速に進む中で、日本をはじめとする多くの先進国において、市民が国内情勢の変化に伴って内向きの思考・行動に傾く状況が起こっている。地球規模の環境問題や貧困とテロの問題などグローバルな課題を一つ一つ解決しなければ私たち人類の未来がないことはわかっていながら、一人ひとりの私たちにとってなにをすればいいか考えることは容易ではない。情報化社会とは言われているが、わが国では、世界で、とくに開発途上国で実際に何が起こっているのか、どのような取り組みがなされているのかについて知る機会も情報も少ないままである。

私たち「国際協力シリーズ」の筆者たちはこのような背景を共有の理解とし、このシリーズを企画した。すでに多くの類書がある中で、私たちのシリーズは、著者たちが国際協力の実務と研究の両方を経験しており、現場の生の様子をお伝えするとともに、それらの事象を客観的に説明することにも心がけていることに特色がある。シリーズに収められた一冊一冊は国際協力の多様な側面を、その地域別特色、協力の手法、課題などからひとつをとりあげて話題を提供している。また、国際協力を、決して、私たちから遠い国に住む人々のためだけの利他的活動だとは理解せずに、国際協力が著者自身を含めた日本の市民にとって大きな意味を持つことを、個人史の紹介を含めて執筆者たちと読者との共有を目指している。

本書を手にとって下さったかたがたが、本シリーズとの出会いをきっかけに、国内外における国際協力や地域における生活の質の向上につながる活動に参加したり、さらに専門的な学びに導かれたりすれば筆者たちにとって望外の喜びである。

国際協力シリーズ執筆者を代表して
西川芳昭